輕鬆自製8種豆餡＋
48道日本超人氣甜食

甜 而 不 膩 的 幸 福 味

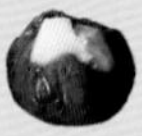

輕鬆自製8種豆餡＋

48道日本超人氣甜食

甜而不膩的幸福味

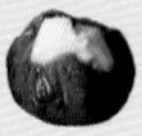

甜而不膩的幸福味
紅豆甜點慢食光
輕鬆自製8種豆餡＋48道日本超人氣甜食
金塚晴子◎著

紅豆和米搭配製成的和風菓子是日本先民流傳下來的飲食智慧，而和食也似乎是日本人維持身體健康的祕訣。除了日常飲食之外，紅豆甜點在許多節慶中也扮演著重要的角色，舉凡紅豆飯、荻餅、水無月……皆有為家庭帶來健康和安樂的祝禱與象徵。

在瓦斯爐普及前，百姓煮食使用的是爐、灶、柴火和炭等熱源。因為無法馬上撲滅火種，而演變出「慢火熬煮」這樣緩慢且耗時的加熱方式，也因此有了熬煮紅豆的傳統。

豆類一直以來都深受日本人的喜愛，除了富含大量營養、有益於健康之外，直接食用或作成菓子都很美味，可以說是老少咸宜的優良食材。

直接使用市售豆沙固然省時省力，但是手工熬豆，享受日式的慢食人文，也別有一番風味。本書介紹了在家就可以完成的美味豆沙製作法，及使用豆泥作成的多款日式傳統菓子。並以詳細的圖文步驟，使初學者也能一目瞭然，快速上手。

製作豆沙並不難，重要的是「熟練」和「直覺」，本書將帶您跨出第一步，謹依食譜製作，熟能生巧之後，就能慢慢創作出屬於自己的美味。

目錄

第1章 來作美味的豆餡吧！

第2章 只要有豆沙就可以輕鬆完成的菓子

第3章 以豆沙作成的經典和菓子

第4章 以銅鑼燒麵糊作成的豆沙菓子

本書的使用方法

＊1大匙＝15mℓ、1小匙＝5mℓ、1杯＝200mℓ。
＊蛋使用的是M尺寸。
＊微波爐使用的是600W的機型。
若使用500W機型，請將加熱時間以1.2倍換算。
依機種的不同會有些微的差異，請一邊觀察加熱的狀態，一邊調整時間。

製作美味豆沙的七大重點

1 各式豆類請盡早使用完畢

豆類會因為保存時間過長，變得乾硬不易煮軟，且容易走味。所以紅豆或白腰豆等製作豆沙使用的豆類，請在購入後一個月內使用完畢。

2 熬煮的水量請蓋過豆類2cm以上

熬煮豆類時，水的份量會依圓弧底或圓筒形的鍋子而有所不同。雖然是依食譜放入水量，但請依使用的鍋子而定，將水的份量調整在蓋過豆類表面2cm以上的高度。

3 控制火候的增減

熬煮豆類時，不須想得太過複雜，火候以該大火時大火；該小火時小火為原則作適度的調整，以煮至完全軟爛最為重要。建議在多次熬煮的過程中，找出自己可以掌握的煮法。

4 熬煮時間會影響豆類煮好的狀態

豆類需要根據季節、產地、保存狀況，改變熬煮的時間，特別是新豆（紅豆為10月下旬左右；大納言紅豆為12月左右開始），以一半的時間熬煮即可。比起完全按照食譜指示的時間製作，在熬煮過程中，即時確認豆類的口感狀態更為重要。

5 以大火熬煮豆沙

砂糖如果沒有經過高溫，就無法滲入豆中入味，因此，在熬煮豆沙時，基本上要以大火（稀釋時使用小火）。為了避免燒焦，並且均勻受熱，請保持讓攪拌匙有移動空間的水量。

6 熬煮完成的豆沙控制在軟爛的狀態

雖然通稱為豆沙，但是每一種豆沙的硬度各有不同，特別是粒餡冷卻之後會收縮，「當豆沙呈現相當軟爛的狀態即熄火」是判斷熬煮完成的標準（充分受熱均勻）。硬度則依每一款菓子的製作需求作調整吧！（如下方標記所示）

7 隔夜的豆沙比剛完成的美味

將熬煮完成的豆沙放隔夜後，糖分會更入味，吃起來更可口。製作菓子時，最好於前一天煮好豆沙備用。特別是白豆沙餡，砂糖較不易入味，請靜置一天再使用吧！

豆沙的軟硬度

製作和菓子時，豆沙和餅皮的平衡很重要。依製作的菓子不同，各有適合的軟硬度。在此建議以左側線表為基準作調整。想要豆沙硬一些，可將水分充分收乾；想要豆沙軟一些，則可提早收乾完成，或加水重新收乾。

較硬

- 【需要充分揉圓】…豆沙丸子、荻餅中的豆沙餡
- 【需要以手揉圓的濕潤狀態，又不太黏手】…饅頭
- 【需要稍軟爛的狀態，但仍可以手揉圓】…荻餅的外料
- 【需要非常軟爛，能以抹刀塗抹】…銅鑼燒
- 【需要以湯匙直接食用】…紅豆湯、年糕紅豆湯

較軟

製作豆沙&和菓子所使用的材料

本書中食譜所使用的主要材料為粉類、砂糖、寒天……請依製作的菓子準備吧！

● 豆類

在日本常見的一般紅豆，其90％以上的產地來自於北海道。比起大納言紅豆，香味比較強烈，適合用來製作醇厚的紅豆粒餡或紅豆沙餡。大納言紅豆的顆粒較大，香氣較為高雅，且可以品嚐到明顯的顆粒感。製作白豆沙餡時，所使用的白腰豆，雖然有「大福豆」或「白金時」等種類，但建議使用豆粒較小，容易快速煮熟的「手芒」品種為佳。

【乾燥豆類的保存方法】放入密封容器裡，置放在陰涼處保存（若擔心會引來小蟲，可放入一根乾燥的辣椒）。由於豆類大多不耐熱氣和濕氣，夏天可以將其放入寶特瓶，再放進冰箱冷藏。若須保存三個月以上，則請放進冰箱冷凍較為適當。

● 細砂糖

熬煮豆沙時使用。細砂糖可以輕鬆地引出高雅甜味。但依個人喜好，也可使用上白糖替代。

● 鹽

在熬煮紅豆餡之前加入少量的鹽，可以襯托出甜味。比起加工過的精製鹽，建議使用鹹味溫和的天然鹽為佳。

低筋麵粉

使用在超市就可以輕鬆購得的一般小麥麵粉即可。適合用來製作饅頭、銅鑼燒。

白玉粉

以糯米磨製而成的粉類，日文又稱為寒晒粉。適合用來製作白玉湯圓、餡衣餅。

上新粉

以白米磨製而成的粉類，可作出具有嚼勁的餅皮。適合用來製作丸子。

葛粉

由多年生豆科植物「葛」的根部提取出的澱粉，具有獨特的香氣和濃稠的質地。適合用來製作水羊羹。

糯米粉

以糯米為原料，比起白玉粉，更具有米的風味。適合用來製作豆大福、丸子。

片栗粉

除了可用來勾芡之外，為了避免麵團沾黏，會在調理盤撒上片栗粉，或當作手粉使用。

小蘇打（食用級）

製作溫泉饅頭或銅鑼燒等需要讓咖啡色餅皮膨脹時使用。為了讓豆類軟化，在煮白腰豆時也會加入小蘇打。

泡打粉

以小蘇打為基底的膨脹劑。混合粉類，可用來製作酒饅頭等白色餅皮的菓子。

※使用愈新鮮的粉類，愈能作出美味的菓子，因此在購買時，選擇每一次製作所需要的分量即可。

【粉類】a 低筋麵粉／b 白玉粉／c 上新粉／d 葛粉／e 糯米粉／f 片栗粉／g 小蘇打／h 泡打粉

上白糖

即為一般的市售砂糖。濕潤感較重，甜度較細砂糖來得強烈。適合用來製作餡衣餅、丸子、溫泉饅頭。

黑糖

熬煮甘蔗汁製成的砂糖。口感層次豐富，風味濃醇。研磨成塊狀使用，風味更佳。適合用來製作溫泉饅頭。

金平砂糖

擁有甘蔗的香氣與豐富礦物質的黃褐色砂糖。甜味圓潤為其一大特色。

蜂蜜

加入銅鑼燒的麵糊之中，會使烤色更加漂亮，可以烤出濕潤的質感。建議使用金合歡花等味道較為溫和的花蜜。

水飴（水麥芽）

以澱粉製成的甜味料，讓成品口感層次豐富、具有光澤。適合用來製作紅豆粒湯、栗子紅豆湯、羊羹等。

寒天粉

可以和水一起加熱溶解的粉末狀寒天，使用上非常方便。適合用來製作豆沙丸子。

寒天條

冷凍乾燥過的寒天，也被稱作寒天塊。使用前請先泡水，再煮至溶化。適合用來製作羊羹。

蛋

本書食譜所使用的是M尺寸的蛋。建議使用蛋黃顏色較深、較新鮮的蛋。適合用來製作銅鑼燒。

【砂糖・其他】a 上白糖／b 黑糖／c 金平砂糖／d 蜂蜜／e 水飴／f 寒天粉／g 寒天條／h 蛋

製作豆沙&和菓子所使用的器具

以下介紹本書食譜所使用的器具。製作豆沙時，請準備一個大型的調理盆。

調理盆
請準備數個尺寸不同的調理盆。特別是製作豆沙時，需要可以放入大量的水、直徑40cm以上的特大調理盆。

耐熱調理盆
可放入微波爐加熱，具耐熱性的調理盆。製作麻糬或調整豆沙硬度時方便使用。

過篩器
豆沙以細網目（50至60 mesh）的過篩器過篩，豆沙會變得滑順。也可以用來過篩砂糖或粉類。

篩子
除了一般的篩子之外，準備一個剝取豆沙裡的豆類外皮時使用的淺寬緣篩子，較為方便作業。

電子秤
使用可以扣除容器重量的款式，較為方便。

計量杯・計量匙
計量杯約500mℓ；計量匙請購買從大匙到1/4小匙的組合。煎銅鑼燒的餅皮時則使用圓底的大湯匙。

調理盤
冷卻豆沙或麵團成型時使用的淺盤。尺寸為30cm×40cm以上，較為方便使用。

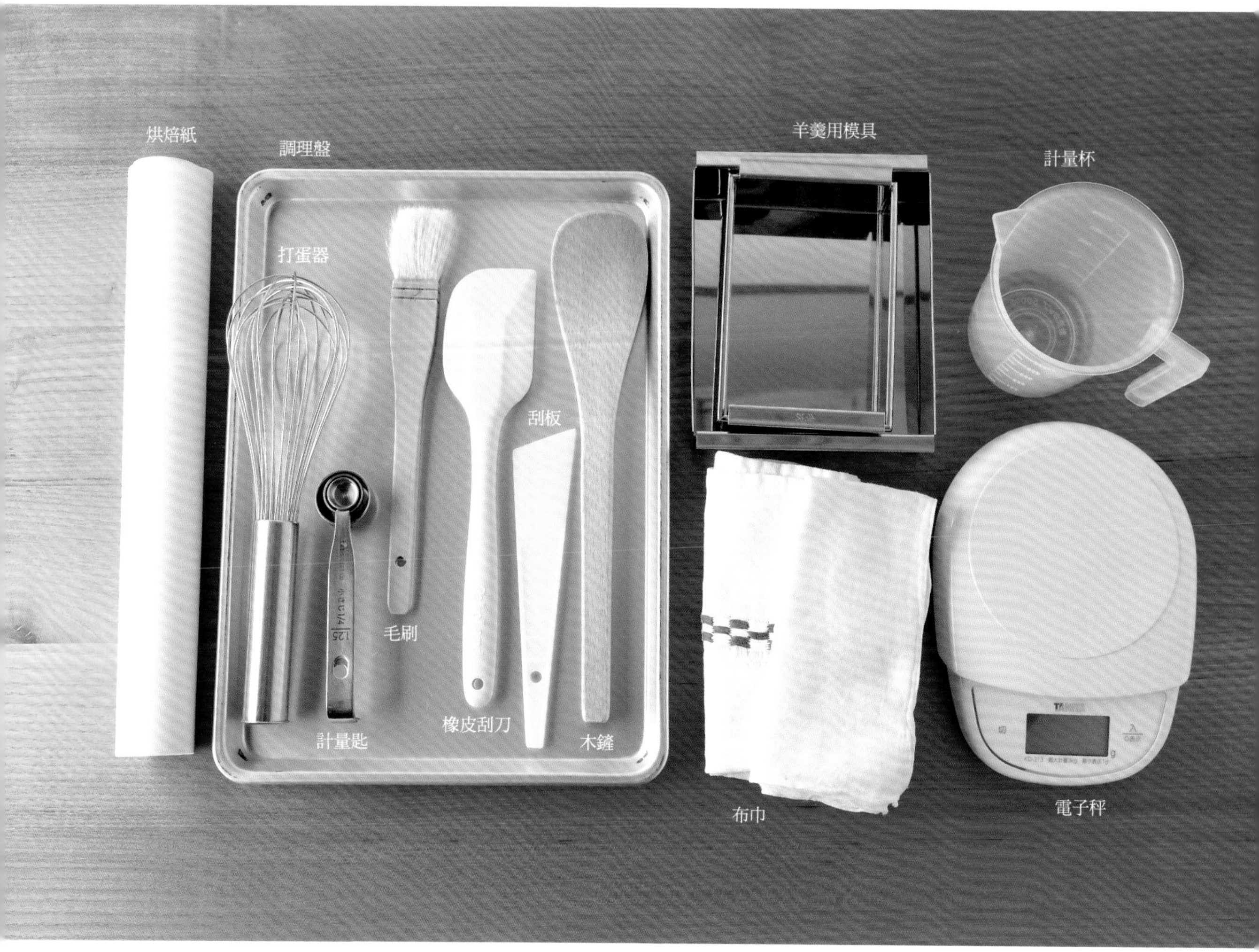

● 木鏟

熬煮豆沙時，使用寬一點的長柄木鏟；攪拌麵糊時，使用稍微窄一點的木鏟，較為便利。

● 刮板・橡皮刮刀・打蛋器

塑膠製的刮板，方便用來切割麵團。橡皮刮刀沒有接縫，可保持潔淨，耐熱的特性很適合挖取煮熱的豆沙。打蛋器請選擇堅固的款式。

● 毛刷

去除成型麵團上多餘的粉末時使用。使用後洗淨，並充分保持乾燥。

● 羊羹模具

底板可以脫離的不鏽鋼製容器。製作羊羹時使用。使用前讓整個容器浸一下少量的水，再擦去多餘的水分，保留住水氣，會比較容易脫模。

● 布巾

將煮好的豆類放在篩子上、擰絞豆沙或蒸東西時，使用日曬過的大布巾最適合；製作茶巾絞用布巾時，則以手帕尺寸最為方便使用。

● 烘焙紙

具有耐熱性及不容易沾黏的特性，因此，也適用於麵團塑型。

第
1
章

來作美味的豆沙吧！

也許有人會認為製作豆沙相當繁瑣，其實製作過程的每一個步驟非常簡單，
只要掌握訣竅，每個人都可以作出美味的豆沙！
除了紅豆的粒餡或沙餡之外，
也推薦大納言紅豆的蜜漬豆沙、兩種白豆餡、南瓜、毛豆、抹茶的豆沙餡。
豆沙可當作抹醬或菓子的餡料使用，
也可直接品嚐豆沙本身的好味道！

紅豆粒餡

想要作出美味的紅豆粒餡，
最重要的是將紅豆的皮煮至軟化。
如果想要作出豆類扎實的顆粒感，
也很推薦大納言紅豆作成的紅豆粒餡。

材料（成品約600g左右）

紅豆……200g
細砂糖……200g
鹽……1小撮
水……適量

熬煮紅豆

【紅豆】
使用的是香氣十足、品質穩定的北海道產紅豆。適合用來製作紅豆粒餡、紅豆沙餡。熬煮之前，不須浸泡一晚。

【大納言紅豆】
使用的是有名的兵庫縣丹波產紅豆。顆粒大、皮薄、風味好。適合用來製作紅豆粒餡或蜜漬豆沙。因為顆粒比較大，浸泡之後再使用為佳（P.19）。

以大納言紅豆製作時

材料

將200g大納言紅豆浸泡一晚（參照P.19的準備），以和紅豆粒餡相同的方法製作（細砂糖則為250g）。熬煮至以木鏟舀起豆沙朝下，瞬間流成一座小山的形狀，就是完成的狀態（熬煮之後大約以670g為標準，是製作銅鑼燒剛好的軟硬度）。

1 將紅豆放入網篩，以水流輕柔地沖洗豆子。

2 將紅豆和600ml（蓋過豆子2cm以上的高度）的水放入鍋中，開大火加熱，沸騰後，加入200mℓ的水（冷水）。

▶水量會依鍋子的形狀而變。再加冷水時，溫度會急速下降，熱水便可容易浸透到豆子的內部。

3 再度沸騰後，續煮2分鐘至2分30秒，以網篩濾掉熱水。再快速地將紅豆過水清洗。

▶在這個步驟將熱水一次濾掉，較容易煮出紅豆的澀味。

4 將紅豆和600mℓ（蓋過豆子2cm以上的高度）的水放入鍋中，以大火加熱。沸騰後，再反覆加入3至5次的冷水，煮出紅豆的澀味。

▶加冷水一次以大約100mℓ左右為基準，一達沸騰的狀態就加入。

湯色呈現濃濁的紅色，且紅豆膨脹後，以網篩濾掉熱水。馬上將紅豆過水清洗。

▶呈現紅色濃濁的狀態，表示已充分煮出澀味。新豆（紅豆在10月下旬至11月，大納言紅豆在12月左右採收）的澀味稍微少一點，因此煮出來的湯色較淡。

將紅豆和600ml（蓋過豆子2cm以上的高度）的水放入鍋裡，開大火加熱。沸騰後，轉小火，煮30至40分鐘。

▶火候保持在紅豆呈現稍微跳動的程度。如果水位降低，則再加入冷水，以紅豆不露出水面的程度為準。

將紅豆放在木鏟上，以湯匙壓扁，確認其軟硬度。容易壓扁就是軟爛的狀態（若製作紅豆沙餡，在此步驟即完成）。

▶聞到香氣後試吃看看，好不好吃是判斷熬煮完成的依據。新豆只要煮15至20分鐘左右。請一邊觀察豆子的狀態，一邊調整熬煮的時間。

將烘焙紙蓋住紅豆，以極小火再煮30至40分鐘（不加冷水）。煮好後，蓋上鍋蓋，蒸煮20分鐘左右。

▶繼續煮步驟⑦的紅豆粒餡，煮至皮軟化為止。火候請控制在烘焙紙不會翻起的極小火。

以不破壞豆粒為原則，從鍋子的邊緣注入極小的水流，注滿水後，在篩子上鋪上布巾，輕輕地倒入紅豆瀝乾水分。

將紅豆以布巾包起，以不壓壞紅豆的力道擰乾，再放回鍋裡。

加入一半份量的細砂糖，開大火加熱，以木鏟攪拌熬煮。溶化後，加入剩下的細砂糖，繼續攪拌、熬煮。

▶一邊留意不要燒焦，一邊以木鏟大幅度地朝固定的方向攪拌。小火不容易讓砂糖溶化，在此請以大火加熱，在表面開始跳動時，轉小火攪拌熬煮。

熬煮完成之前，加入鹽。熬煮至以木鏟舀起豆沙朝下，稍微可以形成小山的狀態，即收乾完成。少量少量地鋪在調理盤上，待其冷卻。

▶請依用途調整軟硬度（P.7）。豆沙冷卻後會凝結，請將豆沙熬煮成較軟的狀態。待冷卻後，可以分小份量保存（P.30）。

大納言蜜漬紅豆

不需要熬煮，只要將煮好的紅豆蜜漬即可。
蜜漬紅豆適合以顆粒大、風味好的大納言紅豆製作，
較能展現清爽、高雅的風味。

材料（成品約600g左右）

大納言紅豆……200g

細砂糖……250g

（分成150g和100g備用）

水（蜜煮用）……300mℓ

準備

將大納言紅豆放入網篩裡，以水流清洗，浸泡在600mℓ（豆子的3倍量）的水裡一晚。

熬煮紅豆

1 以P.15至P.16的步驟①至⑤相同方法煮紅豆，濾掉有澀味的熱水。

2 將紅豆和500mℓ的水（蓋過豆子1cm以上的高度）放入鍋裡，開大火加熱，沸騰後，轉成極小火，蓋上以烘焙紙，煮40分鐘至1小時（如果水變少，可以加入冷水）。

◎新豆可能只要煮20至30分鐘左右，請一邊觀察豆子的狀態，一邊調整熬煮的時間。

3 煮至豆子可以輕易地壓扁的狀態之後，再以極小火煮30分鐘左右至皮軟化。蓋上鍋蓋，直接蒸煮20分鐘左右。

4 取下烘焙紙（a），以不破壞豆子為原則，注入極小的水流（b），注滿水之後，以網篩（如果要避免豆子崩塌，可以蓋上布巾）輕輕地濾掉水分。為了防止乾裂，可以保鮮膜蓋住備用。

製作糖蜜・蜜漬紅豆

5 將150g的細砂糖和水倒入鍋裡，開大火加熱，待砂糖溶化後，熄火，輕輕地倒入步驟**4**的紅豆（c）。以中火煮至稍微沸騰後，熄火，靜置一晚（d）。

6 開中火，將步驟**5**放置一晚的紅豆煮至稍沸騰後，熄火，將網篩放在調理盆上，將紅豆和糖蜜過濾分開（e）。將糖蜜倒回鍋裡，加入100g的細砂糖，以中火熬煮4分鐘左右（f）。

7 熄火，放入紅豆，以中火煮至稍沸騰，熄火。移至容器裡保存，讓紅豆吸收蜜汁。

◎放入冰箱可以冷藏保存1週左右。冷凍，則須將蜜漬紅豆放入保存袋，可以保存1至2個月左右。

a

b

c

d

e

f

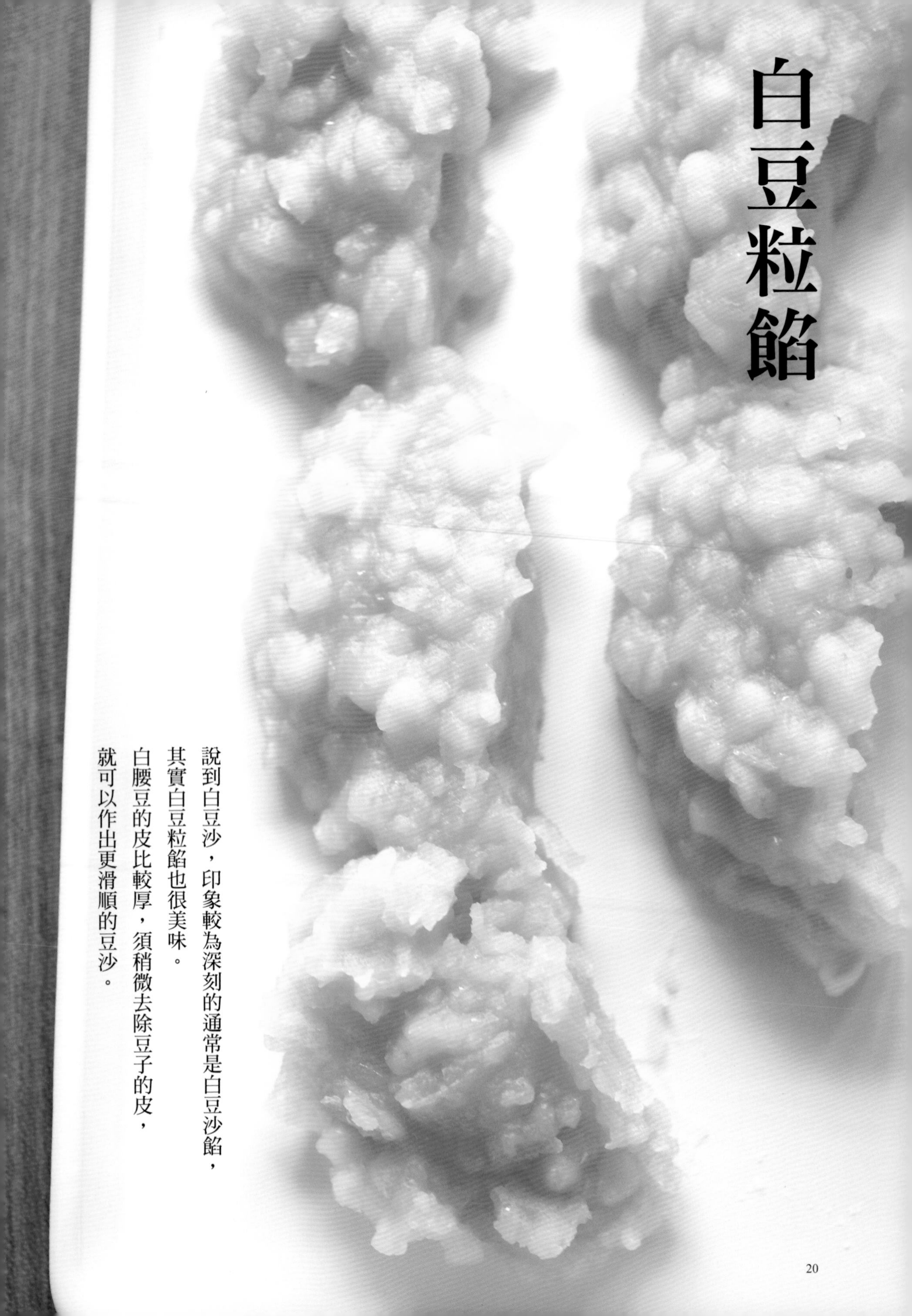

白豆粒餡

說到白豆沙，印象較為深刻的通常是白豆沙餡，
其實白豆粒餡也很美味。
白腰豆的皮比較厚，須稍微去除豆子的皮，
就可以作出更滑順的豆沙。

材料（成品約600g左右）

白腰豆（手芒）……200g
細砂糖……180g
食用級小蘇打……1/2小匙（2.5g）
水……適量

準備

將600mℓ（豆子的3倍量）的水和小蘇打放入調理盆裡充分溶解，再放入洗過的白腰豆，浸泡一晚。

◎放入小蘇打目的在於使豆子的皮軟化。

【手芒】
在白腰豆中，顆粒稍微小一點，熬煮的速度會快一些，風味也極佳。適合用來製作白豆粒餡、白豆沙餡。

熬煮白腰豆

將白腰豆連同浸泡白腰豆的水一起倒入鍋裡，開大火加熱。

沸騰後，加入200mℓ（加冷水）的水，再度沸騰後，繼續煮3至4分鐘。

▶火候須控制在水不會溢出的程度。

倒在網篩上，濾掉熱水，同時以水流沖洗，輕輕地洗掉小蘇打。

▶一邊倒掉蓄積的水，一邊仔細地清洗，並取下掉落的皮。

將白腰豆和700mℓ（蓋過豆子2cm以上的高度）的水倒入鍋裡，開大火加熱，沸騰後，反覆加入3至5次的冷水，煮至豆子膨脹為止。

倒在網篩上，濾掉熱水，再過水清洗白腰豆。

將白腰豆和600mℓ（蓋過豆子2cm以上的高度）的水倒入鍋裡，開大火加熱，沸騰後，以小火煮20至30分鐘左右，煮至軟化。

▶如果熱水有減少，請加入冷水至豆子不會露出水面的高度。

煮至豆子充分軟化後，離火，加水降溫至接近體溫的溫度為止。

▶聞到香氣後試吃看看，好不好吃是判斷熬煮完成的依據。

從鍋裡以網篩取出約1/3份量的白腰豆，以手（或湯勺的底部）按壓過篩，同時取出殘留在網篩上豆子的皮。

▶白腰豆的皮比紅豆的皮厚一點，全部帶皮一起煮，口感不佳，所以取出約1/3的份量去皮。請盡可能地去掉浮起來的皮。

熬煮豆沙

9

將布巾蓋在網篩上，倒入步驟⑧，濾掉水分。

▶靜置片刻，讓水自然地瀝乾。

10

以布巾輕輕地擰乾，瀝掉水分，再將白腰豆放入鍋裡。

11

加入一半份量的細砂糖，開大火加熱，以木鏟攪拌熬煮。溶化後，加入剩餘的細砂糖，繼續攪拌、熬煮。

▶一邊留意不要燒焦，一邊以木鏟大幅度地朝固定的方向攪拌。小火不容易讓砂糖溶化，在此請以大火加熱，表面開始跳動時，轉小火攪拌熬煮。

12

熬煮至以木鏟舀起豆沙朝下，稍微可以形成小山的狀態，即收乾完成。少量少量地鋪在調理盤上，待其冷卻。

▶請依用途調整軟硬度（P.7）。豆沙冷卻後會凝結，請將豆沙熬煮成較軟的狀態。冷卻後可以分小份量保存（P.30）。白腰豆吸收甜味的速度較慢，靜置1至2天會更入味，吃起來更可口。

紅豆沙餡

以紅豆和白腰豆製作的豆沙。
其中去除豆皮取出餡的步驟，
比起粒餡，更需要稍費工夫，
但細心製作，絕對是值得期待的極致美味。

白豆沙餡

紅豆沙餡

紅豆沙餡

● **材料（成品約500g左右）**

紅豆……200g
細砂糖……200g
鹽……1小撮
水……適量

白豆沙餡

● **材料（成品約500g左右）**

白腰豆……200g
細砂糖……180g
食用級小蘇打……1/2小匙（2.5g）
水……適量

● **準備**

製作紅豆沙餡，將紅豆以和P.15至P.16的步驟①至⑦相同的方法熬煮完成。製作白豆沙餡，將白腰豆以和P.21至P.22的步驟①至⑥相同的方法熬煮完成。

從煮好的豆子中取出餡

將篩子放在大一點的調理盆上，放上煮好的豆子，一邊沖水，一邊以手按壓。

▶使用的篩子或調理盆比較小，可以分成兩次作業為佳。

取出殘留在篩子上豆子的皮。

▶豆子煮得不夠綿密，會殘留白色的豆子碎片。

將留在調理盆（杯）裡的豆汁倒入細網目的過篩器，過篩至另一個大調理盆。

▶在此使用細網目的過篩器，才能作出質地滑順的豆沙。

在調理盆裡注入大量的水，一邊沖刷過篩器，一邊濾出還有餡的顆粒。

▶為了不讓水的溫度升高，請使用大一點的調理盆。

靜置至豆沙沉澱，再將上部清澈的水緩緩地倒掉一半。

倒入大量的新水，等待再次沉澱後，再倒掉上部約一半清澈的水。反覆操作至水色清澈為止（3至4次）。

▶雖然讓水色達到清澈的程度，就能作出清爽高雅的豆沙口感，但是仍可以依個人喜好調整。

將步驟⑥倒入鋪上布巾的網篩，充分擰乾布巾，瀝掉水分。

殘留在布巾中的即為「生豆沙」。

▶充分地絞擰布巾，擰到豆沙呈現乾巴巴的狀態。

熬煮豆沙

將50至70mℓ的水和細砂糖倒入鍋裡，開大火加熱，以木鏟一邊攪拌，一邊溶化。沸騰後，加入一半份量步驟⑧的生豆沙，以木鏟攪拌、熬煮至溶化。

▶作業時，請戴上手套，免於燙傷。為了避免燒焦，請大幅度地擺動木鏟，攪拌熬煮。

沸騰溶化後，加入剩餘的生豆沙，再次攪拌熬煮。水分不足時，加入水，攪拌熬煮至充分受熱。

▶小火不容易讓砂糖溶化，在此請以大火加熱，表面開始跳動時，轉小火攪拌熬煮。

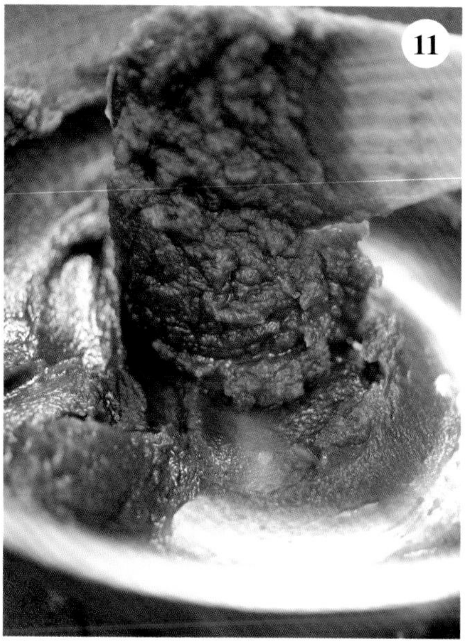

以木鏟舀起豆沙朝下，恰好可以形成山形的狀態之後，即可熄火。若製作的是紅豆沙餡，請在收乾前加入鹽。

▶請依用途調整軟硬度（P.7）。豆沙冷卻後會凝結，請將豆沙熬煮成較軟的狀態。

少量少量地鋪在調理盤上，待其冷卻。

▶冷卻後可以分成小份量保存（P.30）。若白豆沙餡盡早冷卻，就可以保持漂亮的顏色。

南瓜沙餡

有白豆沙餡就可以簡單地作出
南瓜柔和的甜味和暖心的滋味。
加入南瓜後較容易燒焦，
請盡快攪拌熬煮至滑順的狀態。

◉材料（成品約300g左右）

南瓜……約250g（淨重150g）
白豆沙餡（P.24）……150g
細砂糖……50g
水……50至100㎖
＊如果使用的是冷凍南瓜，請準備約淨重1.5倍的份量（稍微準備多一些備用為佳）。

◉作法

1 將南瓜切成約4cm的方塊，蒸至軟化（若使用冷凍南瓜，則以微波爐加熱3至4分鐘）。去皮、以食物調理機攪拌至呈現均勻的泥狀（或使用壓泥器壓成泥）。

2 將細砂糖和50㎖的水倒入鍋裡，開大火加熱，砂糖溶化後，加入白豆沙餡，以木鏟攪拌，並熬煮至溶化。

3 溶化後，加入步驟**1**的南瓜，再次攪拌熬煮。為了避免燒焦，須一邊調整火候，一邊攪拌，並熬煮至豆沙呈現滑順的狀態為止。
◎依南瓜含水量的不同，當木鏟不容易攪動攪拌時，則需要加足水調整狀態。

4 舀起南瓜沙餡朝下，稍微形成山形的狀態之後，即可熄火。少量少量地鋪在調理盤上，待其冷卻。
◎南瓜沙餡即使冷卻過後也不太會凝結，須充分熬煮。

抹茶沙餡

將抹茶混入白豆沙餡即可製作完成。是具有抹茶的茶香及美麗色澤的豆沙。

材料（成品約150g左右）

白豆沙餡（P.24）……150g
抹茶……1/2小匙

作法

1 將白豆沙餡放入調理盆後，以細網目的濾茶網過篩加入抹茶。再以橡皮刮刀充分攪拌混合。

◎白豆沙餡的質地太軟時，可微波爐加熱，同時觀察狀態，去除水分，調整其軟硬度。冷卻後，再加入抹茶（在高溫的狀態下加入抹茶，顏色不佳，須特別留意）。

毛豆沙餡

日北東北地區的傳統美食，以金平砂糖製作，可以作出層次風味。

材料（成品約300g左右）

毛豆（有莢）……約600g
（熱水燙過，去掉莢和薄膜的狀態約250g）
金平砂糖（或細砂糖）
……70g

＊使用的是冷凍毛豆，請選用無鹽毛豆。

作法

1 將毛豆煮40至50分鐘至軟化為止。放在篩子上，瀝掉水分，剝掉豆莢和薄膜（無莢的毛豆約煮30分鐘）。

2 將步驟**1**的毛豆以食物調理機攪打成糊狀，加入金平砂糖，再次攪拌。

◎完成的毛豆沙餡質地太軟時，可以微波爐加熱，同時觀察狀態，去除水分，調整軟硬度。

豆沙的保存方式

一次大量製作豆沙，
再少量地分次使用，也是一種樂趣。
妥善保存，享用到最後一口的美味！

● 冷藏…保存期限／1星期

如果是馬上要食用的份量，可以將豆沙放入有蓋的密封容器。為了防止乾化，盡可能以抹刀抹成沒有縫隙的平坦狀態。因為不耐久放，請製作大約1個星期內可以使用完畢的份量。依豆沙的甜度或季節不同，有可能會提早腐壞。請仔細觀察豆沙的保存狀態，並盡早使用完畢吧！

● 冷凍…保存期限／1至2個月

分成小份量，裝入保存袋。壓成均勻的平坦狀態，可以加快冷凍時間或解凍時間。可於外袋寫上製作日期和公克數。使用前，以自然室溫解凍的方式解凍（天氣太熱，可放入冷藏庫解凍）。解凍之後再次加熱，會更美味。豆沙保存一段時間後，都會漸漸喪失風味，還是盡早使用完畢為佳。

製作豆沙所使用的鍋子和方便的器具

【鍋子】

煮豆子、熬煮豆沙時不需要準備特殊的鍋子，以一般廚房現有的鍋子製作即可。須準備附有蓋子、直徑23cm左右的鍋子。無論是銅鍋、鑄鐵鍋、雪平鍋等，盡量選用具有厚度的，可以均勻導熱的鍋子最為適合。熬煮豆沙時，以圓底鍋為佳。

【食物調理機】

若沒有時間或多餘的料理空間，準備食物調理機、食物攪拌棒，就能成為很棒的好幫手。例如P.16的步驟⑦，將豆子煮好後，放在篩子上，不需要完全瀝掉水分，分成2至3次放入食物調理機，攪拌約5秒即可作成粒餡；攪拌20秒則可作出質樸風味的豆沙。放入鍋裡，不需要加水，直接加入砂糖熬煮，即可完成，輕鬆省去許多步驟。

【保溫套】

厚一點的不鏽鋼鍋最適合用來煮豆子。製作粒餡時，如果不想以極小火慢慢熬煮，可以煮至P.16的步驟⑦之後，蓋上鍋蓋，並將鍋子套上保溫套，再放入燜燒鍋，靜置至豆子軟化（1至2個小時）。因為不需要開火，可以有餘裕地作一些其他的家事，甚至可以利用這段時間外出，也能完成料理。

第2章

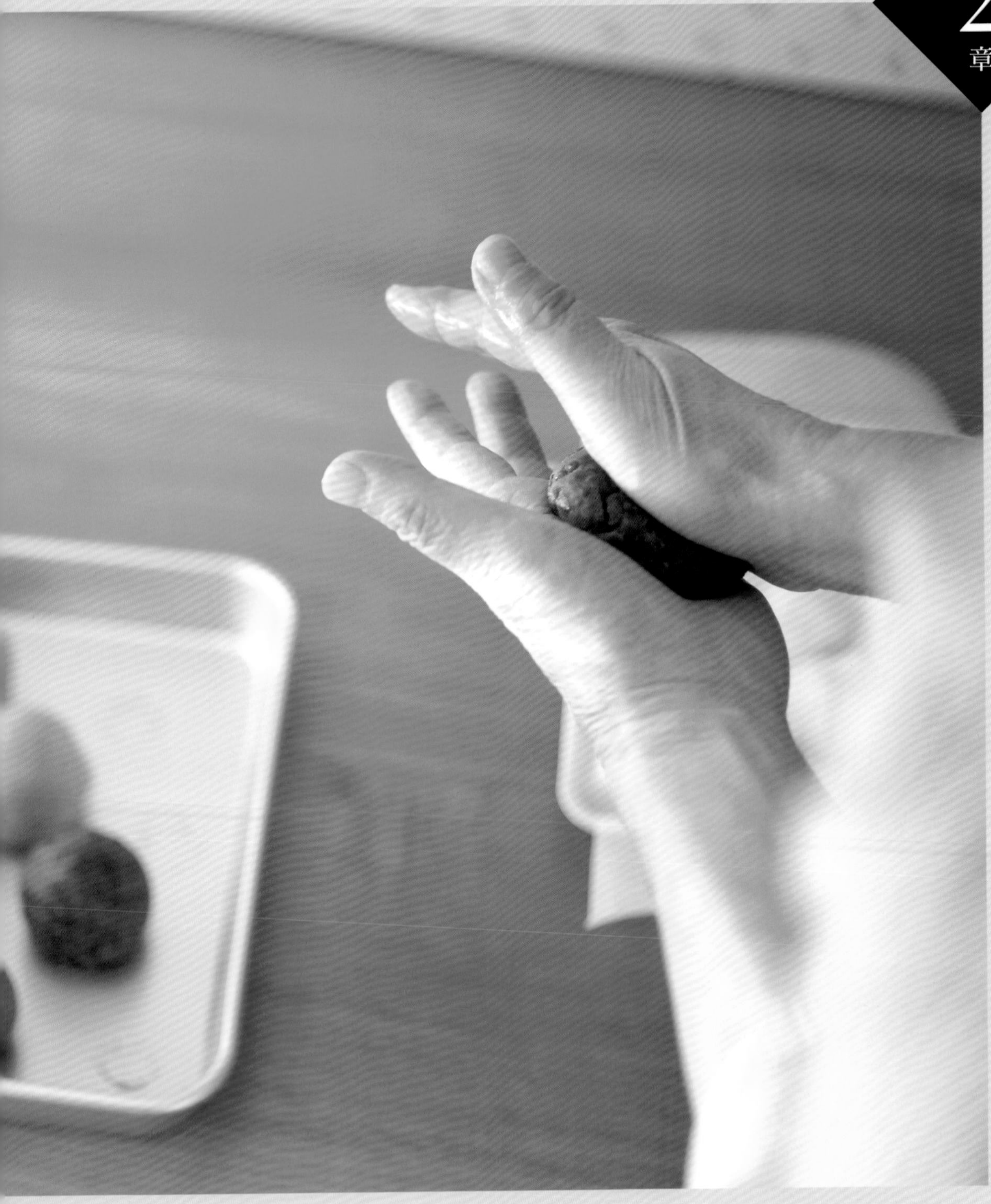

只要有豆沙就可以輕鬆完成的菓子

只要作出美味的豆沙，就可以變化出任何想品嚐的和菓子！
但是，一想到要從頭開始費工製作，就會覺得很麻煩。
以下將介紹有豆沙就可以簡單完成的菓子。
像是作成圓圓的豆沙丸子、裹上黃豆粉、淋上寒天汁；
將豆沙加水稀釋作成紅豆湯，或搭配水果、奶油作成聖代……
盡情地享用豆沙的各種吃法吧！

豆沙丸子

這是一款古早味菓子。
準備稍硬一些的豆沙作成丸子。
有黃豆粉、和三盆糖、可可粉等三種口味，
都試吃看看吧！

◉ **材料（21個份）**

紅豆粒餡（P.14）
……150g（稍硬）
黃豆粉……1大匙
可可粉……1大匙
和三盆糖……1大匙

◉ **作法**

1 將紅豆粒餡分成21等分，以手掌分別揉圓（a）。

2 將黃豆粉、可可粉、和三盆糖分別放入小的調理盆裡。

3 將數個步驟**1**的豆沙丸子分別放入步驟**2**，一邊晃動調理盆，一邊讓豆沙丸子整個裹上粉類（b）。

◎和三盆糖容易融化，請於食用前再沾裹。

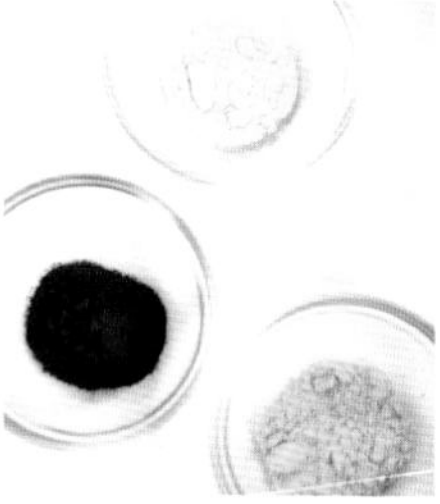

黃色粉是將大豆煎過，去皮磨成的粉末，香氣十足。可可粉是從可可樹榨取出油分，再製成粉末，稍帶苦味。和三盆糖的原料是以德島縣或香川縣栽種的「竹糖」製作而成，顆粒細緻，味道甘潤高雅。

a

b

寒天豆沙丸子

運用白豆沙餡或抹茶沙餡等
各種顏色的豆沙，
作成彩色的豆沙丸子菓子，
再將寒天汁淋在豆沙丸子上，
作成具有清涼感的菓子。

材料（12個份）

抹茶沙餡（P.29）……90g（稍硬）
白豆沙餡（P.24）……90g（稍硬）
紅豆沙餡（P.24）
……120g（稍硬）
大納言蜜漬紅豆（P.18）……60g
（瀝掉糖蜜，只使用紅豆）
＊以依個人喜好將豆沙餡換成粒餡。

【寒天汁】
寒天粉……4g
水……250mℓ
細砂糖……50g
葛粉（若沒有，可以片栗粉替代）
……15g

作法

1 製作豆沙丸子，將90g的抹茶沙餡、白豆沙餡、紅豆沙餡個別分成3等分後，揉圓。將大納言蜜漬紅豆分成3等分，鋪在保鮮膜上，再放上10g的紅豆沙餡（a）。以保鮮膜包起，使紅豆整個包覆豆沙餡（b）。完成後，放入冰箱冷藏冷卻備用。

2 製作寒天液。將寒天粉和200mℓ的水放入單柄鍋充分攪拌，開中火。寒天粉溶化後，加入細砂糖溶化，沸騰後，稍微熬煮。

3 以50mℓ的水將葛粉溶解，一邊充分攪拌，一邊加入步驟**2**。繼續攪拌，沸騰後熬煮2至3分鐘至黏稠狀。以木鏟舀起，會緩緩流下的狀態（c），即可熄火。

4 將豆沙丸子放在木鏟上，以湯匙從上方淋上步驟**3**的寒天液（d）。

5 一邊留意不要觸碰到寒天液，一邊以刮板小心地將豆沙丸子移到烘焙紙上（e），靜置至寒天凝固即完成。

a

b

c

d

e

抹茶沙餡&
芝麻沙餡
核桃&紅豆粒餡
栗子&紅豆粒餡

豆沙茶巾絞

以布巾將揉圓的豆沙擰絞成茶巾絞，
將栗子或核桃放在紅豆粒餡上，
或將抹茶沙餡和芝麻沙餡等兩種餡料重疊，
都能享受不同食材之間組合搭配的樂趣。

栗子&紅豆粒餡

材料（5個份）

紅豆粒餡（P.14）……150g
熱水煮熟且去皮的栗子（或甘露煮栗子）……5個

核桃&紅豆粒餡

材料（5個份）

紅豆粒餡（P.14）……150g
核桃（乾煎後切半）……5個

抹茶沙餡&芝麻沙餡

材料（6個份）

抹茶沙餡（P.29）……90g
白豆沙餡（P.24）……90g
黑芝麻（乾煎後磨碎）……10g

作法

【栗子&紅豆粒餡／核桃&紅豆粒餡】

1 將紅豆粒餡分成5等分並揉圓，放在紗質的手帕或曬乾的薄布巾上，再將栗子（或核桃）壓入正中間（a）。

2 以手帕或布巾包住步驟**1**，用力地扭絞（b），再輕輕地打開（c）。

作法

【抹茶沙餡&芝麻沙餡】

1 將抹茶沙餡分成6等分並揉圓。將黑芝麻加入白豆沙餡裡，以刮板充分攪拌混合，分成6等分，再揉圓。

2 將抹茶沙餡疊放在芝麻沙餡上（d），輕輕按壓使其貼合，再以手掌輕輕揉圓。

◎也可以依個人喜好，將2種顏色的餡料以左右排列貼合的方式製作。

3 以手帕或布巾包住步驟**2**，用力地扭絞，再輕輕地打開。

a

b

c

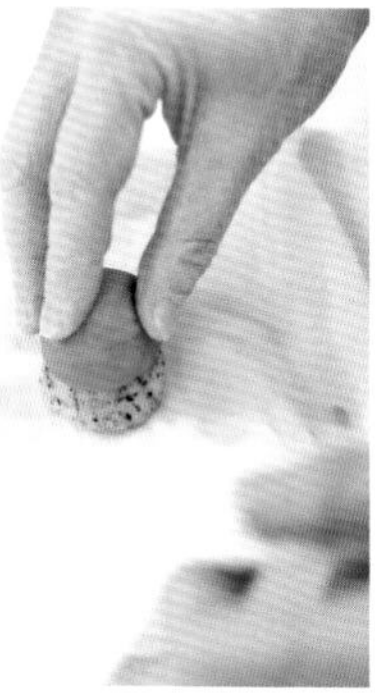

d

豆沙蜜

檸檬白玉湯圓豆沙蜜

抹茶奶油豆沙蜜

以下介紹清爽的檸檬風味白玉湯圓和
濃郁的奶油這兩款爽口的豆沙蜜。
只要學會製作寒天和糖蜜，
就能讓豆沙的美味倍增喔！

檸檬白玉湯圓豆沙蜜

● **材料（4人份）**

寒天塊（請參考下記）……60至70g
檸檬……1個
白豆粒餡（P.20）……200g
白玉湯圓（P.49）……12個
草莓……5粒
檸檬白糖蜜（作法請參考左記）……6大匙

● **準備**

・將檸檬正中間的部分切成厚度約2mm的圓切片，準備8片，其中4片切成小塊（將剩餘的檸檬擠成汁，作糖蜜用）。
・將1顆草莓切成4等分。

● **作法**

將寒天放入食器，鋪上檸檬切片，再盛入白豆粒餡。放上白玉湯圓、小檸檬塊、草莓，最後淋上檸檬白糖蜜。

● **檸檬白糖蜜（材料&作法）**
將50mℓ的水和70g的細砂糖放入單柄鍋，開火，細砂糖溶化後，熬煮至呈現黏稠的狀態（白糖蜜）。冷卻後，以1大匙白糖蜜：1小匙檸檬汁的比例調製。

抹茶奶油豆沙蜜

● **材料（4人份）**

寒天塊（作法請參考下記）……60至70g
紅豆粒餡（P.14）……200g
紅豆粒餡（市售品）……4個
抹茶冰淇淋（市售品）……120至160g
求肥麻糬（P.66）……60g（約為餡衣餅中的麻糬16塊左右）
鹽蒸紅豌豆（參考P.64製作或使用市售品）……2大匙
黑糖蜜（作法請參考左記）……6大匙

● **作法**

將寒天放入食器，再放上栗子、紅豆粒餡、抹茶冰淇淋。撒上鹽蒸紅豌豆和求肥麻糬，最後淋上黑糖蜜。

● **黑糖蜜（材料&作法）**
將60g的黑糖（粉末）、40g的砂糖、70mℓ的水放入單柄鍋（事前測量鍋子的重量），開中火加熱，沸騰後，轉成中小火，以刮板一邊攪拌，熬煮6至7分鐘左右（約煮至120g）。加入30g的水飴，即可熄火。

寒天的作法

● **材料（方便製作的份量）**

寒天條……1/2條（約4g）
水……400mℓ
細砂糖……1大匙（13g）

● **準備**

以水搓洗寒天條之後，泡在大量的水裡3個小時以上（為了避免浮起，請以保鮮膜壓住）。

● **作法**

1 擰乾寒天條的水分，撕成小片，再放入單柄鍋裡，加入水，開中火加熱（a）。
2 寒天充分溶化後（以木鏟舀起確認）、加入細砂糖溶化（b）。
◎加入砂糖後，寒天就無法溶化，須確認寒天充分溶化後，再加入砂糖。
3 以濾茶網過濾，倒回鍋裡，開中火加熱（c）。
4 沸騰後再煮2至3分鐘，稍微放涼（d）。
5 表面浮出雜質後，以網子撈除（e）。
6 倒入調理盤，待凝固後，切成約1至1.3cm的塊狀（f）。
◎倒入約18×14cm的調理盤，會凝固成約1.3cm的厚度，方便裁切。

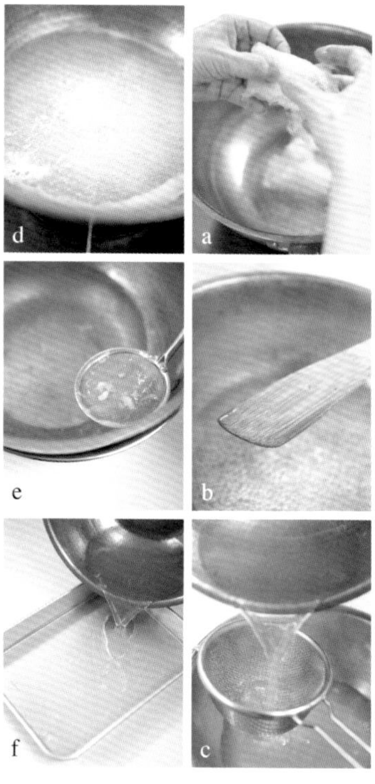

酪梨&咖啡凍&紅豆聖代

似乎難以想像這道甜點的味道，
豆沙的甘甜、酪梨的濃郁，
搭配上咖啡的微苦，是出乎意料的絕妙滋味，
絕對值得您一嚐！

材料（4人份）

酪梨……1個
鮮奶油……50g
細砂糖……10g
咖啡凍（市售品、苦味）……2個
紅豆粒餡（P.14）……200g（稍軟）
即溶咖啡粉……少許

作法

1 將酪梨去皮、去籽，以食物調理機將果肉打碎。

2 將細砂糖一點一點地加入鮮奶油，打至八分發。和80g步驟**1**的果泥混合。

3 將咖啡凍以叉子或食物調理機攪碎。

4 依序將咖啡凍、紅豆粒餡、步驟**1**的果泥盛入食器，上面放上紅豆粒餡、步驟**1**的果泥。盛上步驟**2**的鮮奶油，最後撒上即溶咖啡粉。

香蕉&黃豆粉奶油&紅豆聖代

在香蕉和豆沙上，放上黃豆粉風味的奶油，
製作成一款份量十足的聖代。
在這個濃郁的組合裡，
藍莓的酸味成了畫龍點睛的主角。

材料（4人份）

香蕉……1根
檸檬汁……1大匙

【黃豆粉奶油】
鮮奶油……50g
細砂糖……10g
黃豆粉……2小匙

紅豆粒餡（P.14）……200g（稍軟）
藍莓……20粒

作法

1 將香蕉剝皮，切成4mm厚度的圓切片，淋上檸檬汁。

2 將砂糖一點一點地加入鮮奶油，打至八分發，再加入黃豆粉大致攪拌混合。

3 依序將紅豆粒餡、香蕉、步驟**2**的黃豆粉奶油放入食器，上面放上剩餘的香蕉和紅豆粒餡，撒上藍莓。最後再放上剩餘的黃豆粉奶油，使其自然化開。

荻餅

荻餅只要有糯米飯，就可以簡單地製作完成，
精緻小巧的外型，很適合當作伴手禮。
紅豆粒餡、紅豆沙餡、毛豆沙餡
這三種定番口味的作法是將餡料包住糯米飯，
而芝麻口味則是以糯米飯包住芝麻豆沙餡。

紅豆粒餡

荻餅

紅豆粒餡
紅豆沙餡
毛豆沙餡

◉材料（10個份）

糯米飯（下記）……250g

紅豆粒餡（P.14）、

紅豆沙餡（P.24）、

毛豆沙餡（P.29）……500g

＊以250g糯米飯比500g豆沙的比例準備材料。

＊外側包裹的豆沙稍軟一點、放入中間的餡料則硬一點，請依這個原則調整。

芝麻

◉材料（10個份）

糯米飯（下記）……500g

紅豆粒餡（P.14）或

紅豆沙餡（P.24）……250g

黑芝麻粉……30g

上白糖……1大匙

鹽……少許

◉準備

・將黑芝麻粉、上白糖、鹽放入調理盆充分混合。

・將豆沙分成10等分並揉圓。

●糯米飯／煮好的米飯約600g（材料&作法）

將300g（2杯電子鍋用量杯）的糯米充分洗淨之後放在篩子上，瀝掉水分。倒入電子鍋裡，加入420mℓ水，浸泡3個小時以上再炊煮。

將糯米飯成型

1 將250g煮好的糯米飯放在30cm見方的烘焙紙上（高溫狀態，請戴上手套作業），在紙上將糯米飯按壓成團，作成半月形（稍微保留糯米的形狀）（a）。

2 滾動烘焙紙，將糯米飯作成條狀（b）。

3 以刮板將條狀的糯米飯分成10等分（c）。

◎若要製作10個芝麻荻餅，可以將250g糯米飯分成2條，再各分成5等分為佳。

4 手上沾水，將糯米飯輕輕揉圓（d）。

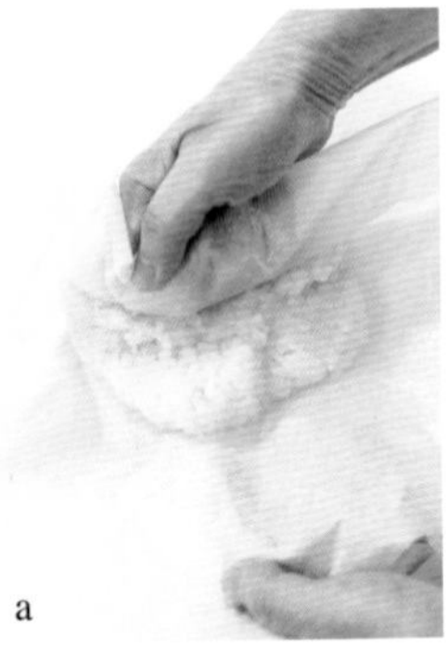
a

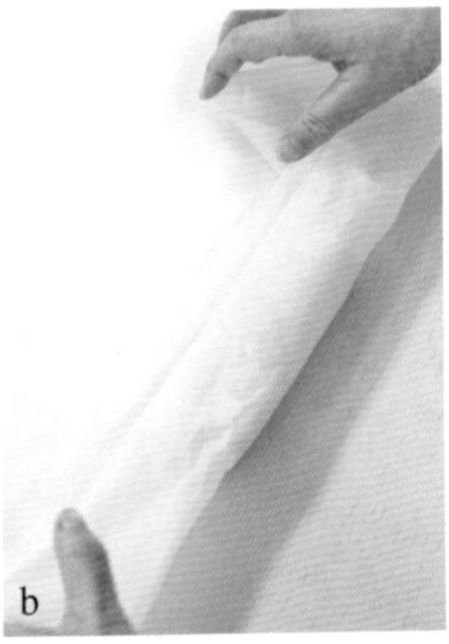
b

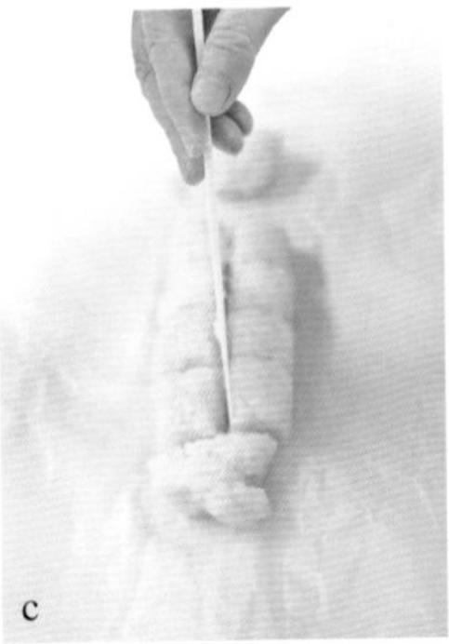
c

d

❖包法（外包豆餡）

【紅豆粒餡／紅豆沙餡／毛豆沙餡】

1 將50g的餡料放在手掌上攤平（a）。

2 在正中間放上步驟**4**的糯米飯，以左手握住似地將糯米飯包起來（b）。

3 將豆沙由下往上推壓包緊（c）。

4 以手掌輕輕揉圓（d）。

◎底部稍微看得到糯米飯也無妨。

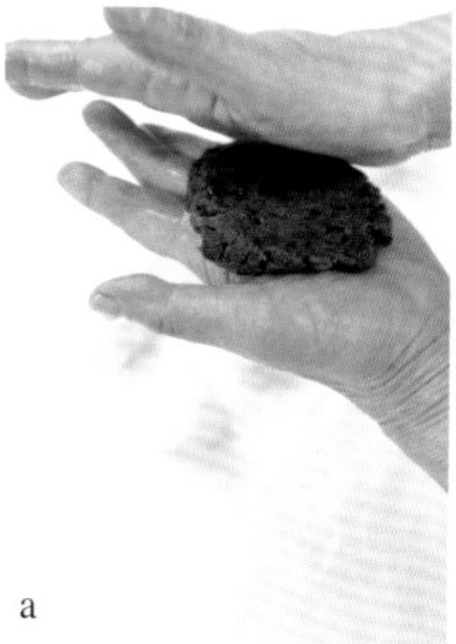
a

b

c

d

❖包法（外包糯米飯）

【芝麻】

1 手上沾水，將步驟**4**的糯米飯放在手掌上，壓成直徑7至8㎝（a）。

2 將揉圓的餡料放在正中間，握住似地包起來（b）。

3 將白飯由下往上推壓包緊（c），輕輕揉圓。

4 將步驟**3**一個一個放入準備好的調理盆裡，來回滾動，沾裹上黑芝麻（d），再以手成型。

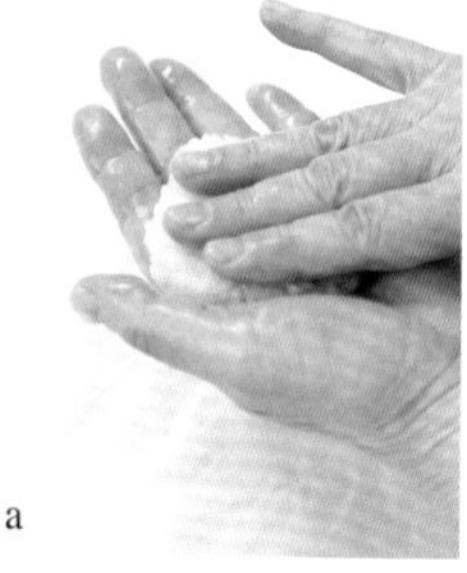
a

b

c

d

年糕紅豆湯

紅豆湯依日本地區的不同，作法也略有差異，在此介紹的是關東風味的紅豆湯。加入水飴，可以增加濃稠度和光澤感，再放上烤得微微焦黃的年糕，讓美味更加分。

材料（4人份）

紅豆粒餡（P.14）……400g
水……100mℓ
細砂糖……25g
水飴……10g
年糕塊……4塊

作法

1 將紅豆粒餡放入鍋裡，加水溶化。加入細砂糖，開火，溶化後，加入水飴，熄火。
2 將一塊年糕切成2等分，以烤麵包機或網子烤至微微焦黃。
3 將步驟**1**倒入食器裡，再放上烤年糕。

冷白玉湯圓紅豆湯

現煮的溫熱紅豆湯溫潤順口，
但冷卻再品嚐也是一味上品。
以豆沙製成關西紅豆湯，
放上順口的白玉湯圓，涼爽的口感，十分消暑。

●材料（4人份）

紅豆沙餡（P.24）……300g
水……120ml
細砂糖……25g
白玉湯圓（下記）……12個

●作法

1 將紅豆沙餡放入鍋裡，加水溶解稀釋。加入細砂糖，開火，稍微煮開之後，熄火。移至調理盆等，冷卻備用。

2 將步驟**1**倒入食器裡，放上白玉湯圓。

◎冷卻後，豆沙比較濃，請加入冷水調整濃稠度。

●白玉湯圓／方便製作的份量
（材料＆作法）

以45至50ml的水將50g的白玉粉溶解，揉成麵團。分成15至20等分再揉圓，作成稍微扁扁的圓形（麵團比較柔軟，可以暫時放在乾燥的布巾上；比較硬，手上沾水揉圓即可）。放入沸騰的水裡，浮上水面後，再煮1分鐘即可取出，以冷水冷卻。

栗子紅豆湯

在關西地區被稱作「龜山」。
紅豆加入細砂糖熬煮，
煮成沒有湯汁的紅豆粒餡，
最後再放上栗子，即可簡單地完成。

材料（4人份）

大納言紅豆或紅豆粒餡（P.14）……450g
細砂糖……15g
水飴……10g
糖煮栗子（市售品）……12個

作法

1 將大納言紅豆或紅豆粒餡、細砂糖放入鍋裡，開火加熱。若紅豆粒餡較硬，加入熱水；較軟，則須充分熬煮。加入水飴，溶化後充分攪拌，即可熄火。

2 將步驟**1**盛入食器裡，放上栗子。

淡蜜紅豆湯

將大納言蜜漬紅豆和糖蜜一起享用，
就是一道簡單的紅豆甜品。
可依喜好，加入副食材，
例如：黃豆粉、和三盆糖、黑糖蜜……

材料（4人份）

大納言蜜漬紅豆（P.18）
……320至400g（包含糖蜜）
黃豆粉、黑糖蜜、和三盆糖等（依喜好添加）
……適量

作法

1 將大納言蜜漬紅豆盛入食器，糖蜜可以多放一些。
2 依個人喜好，撒（淋）上適量的黃豆粉、黑糖蜜、和三盆糖……

◎單純品嚐豆子的風味也很棒。

第
3
章

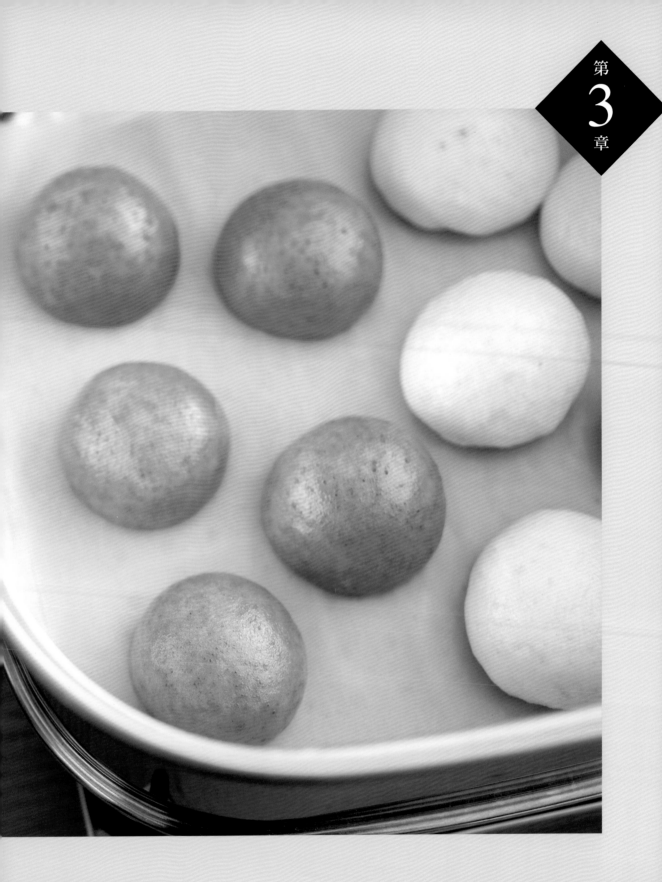

以豆沙作成的經典和菓子

學會製作豆沙後，想更進一步製作精緻的和菓子！
以下將介紹提到紅豆馬上會聯想到的經典之作，
例如：羊羹、豆大福、丸子、饅頭……
製作方法皆有清楚的圖文標示＆一步步地詳細解說，
初學者也可以依本書步驟安心操作。
正因為是手工製作，完成後的美味，絕對是味蕾的奢華享受。

羊羹

具有扎實口感的羊羹。
無論是加入大納言紅豆為亮點的
經典小倉羊羹，
或是香甜黑糖口味，都各有一番風味。

糖羊羹

小倉羊羹

小倉羊羹

材料（9×13.5×4.5cm羊羹模具1模份）

寒天條……1條（約8g）
水……300mℓ
細砂糖……200g
紅豆沙餡（P.24）……300g
大納言蜜漬紅豆（P.18）……100g
水飴……25g
鹽……少許

準備

・寒天條以水搓洗後，泡在大量的水裡3個小時以上（為了避免浮起，可以保鮮膜壓住）。
・將羊羹模具以水沾濕，再擦乾水分。

擰乾寒天條的水分，撕成小片放入鍋裡，加入水。

開中火，以木鏟慢慢地攪拌溶化。

以木鏟舀取，確認是否有寒天殘留。

▶寒天溶化的加熱步驟，約需花費5分鐘以上的時間。

加入細砂糖，煮至溶化。

▶加入細砂糖後，寒天就無法融化，須確認寒天充分溶化後，再加入砂糖。

細砂糖溶化後，離火過濾，倒回鍋裡，再次開中火加熱。

▶須特別留意，避免高溫燙傷。

沸騰後，離火，加入紅豆沙餡，充分攪拌溶化。

▶加入紅豆沙餡時，離火攪拌會比較安全。

再開中火，以木鏟充分攪拌熬煮。

▶將豆沙煮至溶化，整個呈現滑順的狀態為止，以木鏟慢慢地攪拌熬煮。

加入大納言蜜漬紅豆後，再次熬煮，熬煮至以木鏟舀取，畫出大大的「の」字時，表面可以清楚地出現痕跡為止。

加入水飴、鹽。加入水飴，會使豆沙變得更軟爛，須繼續熬煮回復至步驟⑧的軟硬度。

倒入羊羹模具，靜置冷卻凝固。完全冷卻後，從模具取下羊羹，切成喜歡的大小。

▶羊羹因為凝固的速度很快，須馬上倒入模具固定。

黑糖羊羹

●材料（9×13.5×4.5㎝的羊羹模具1模份）

寒天條……1條（約8g）

水……300mℓ

黑糖（八重山黑糖）……200g

紅豆沙餡（P.24）……400g

水飴……25g

●準備

・以水搓洗寒天條後，泡在大量的水裡3個小時以上（為了避免浮起，請以保鮮膜壓住）。

・將羊羹模具以水沾濕，再擦乾水分。

・將黑糖切成細碎狀，以利溶化，（如下圖所示）。

●作法

1 擰乾寒天條的水分，撕成小片放入鍋裡，加入水。開中火加熱，以木鏟慢慢地攪拌至完全溶化。

2 寒天溶化後，加入黑糖煮至整體溶化，再離火過濾。

3 倒回鍋中，再次以中火加熱，煮至沸騰後離火，加入紅豆沙餡。

4 開中火加熱，以木鏟攪拌混合。熬煮至以木鏟舀取，畫出大大的「の」字時，表面清楚地出現痕跡為止。

5 加入水飴，繼續熬煮至步驟**4**的軟硬度。

6 倒入羊羹模具，靜置冷卻凝固。完全冷卻後，從模具取下羊羹，切成個人喜好的大小。

風味濃郁的八重山黑糖。將方塊狀的黑糖以刀子切碎，或直接使用粉狀黑糖製作也OK。

水羊羹

毛豆水羊羹

紅豆水羊羹

水羊羹比羊羹的口感更柔軟。
以下介紹紅豆和毛豆兩種不同風味，
一口咬下，俐落鮮明的清爽口感，
在口中擴散開來，
是一道令人回味無窮的絕品。

紅豆水羊羹

材料（15×13.5×4.5㎝羊羹模具1模份）

寒天條……1/2條（約4g）
水……500㎖
細砂糖……200g
紅豆沙餡（P.24）……300g
葛粉……5g
水……80㎖
鹽……少許

準備

・以水搓洗寒天條之後，泡在大量的水裡3個小時以上（為了避免浮起，請以保鮮膜壓住）。
・將羊羹模具以水沾濕，再擦乾水分。

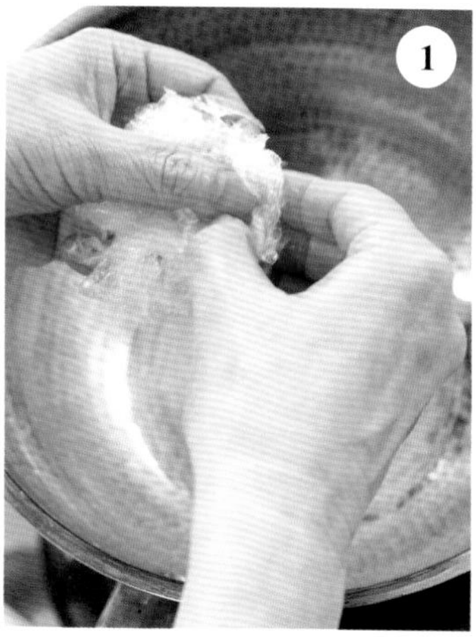

1 擰乾寒天條的水分，撕成小片放入鍋裡，加入水。

2 開中火加熱，以木鏟慢慢地攪拌溶化。

3 以木鏟舀取，確認是否殘留寒天。

▶寒天溶化的加熱步驟，約需花費5分鐘以上的時間。

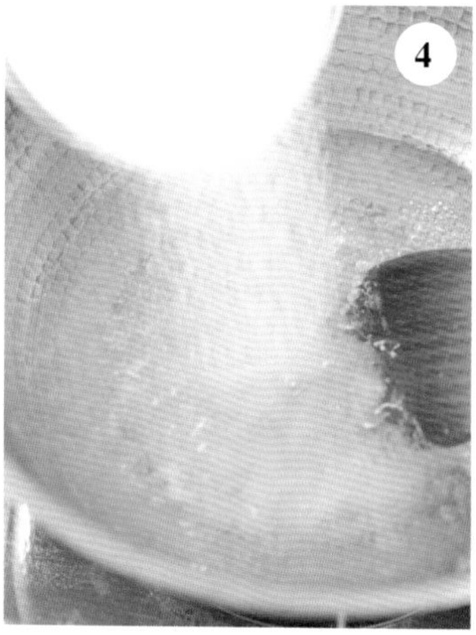

4 加入細砂糖煮至溶化。

▶加入細砂糖後，寒天就無法融化，須確認寒天充分溶化後，再加入砂糖。

5

細砂糖溶化後，離火過濾，倒回鍋裡，再開中火加熱。

▶亦可省略這個步驟，留下少量沒有溶化完全的寒天，以增加口感。

6

沸騰後，加入紅豆沙餡，以木鏟充分攪拌溶化。

▶須特別留意高溫燙傷，離火後，再加入紅豆沙餡也無妨。

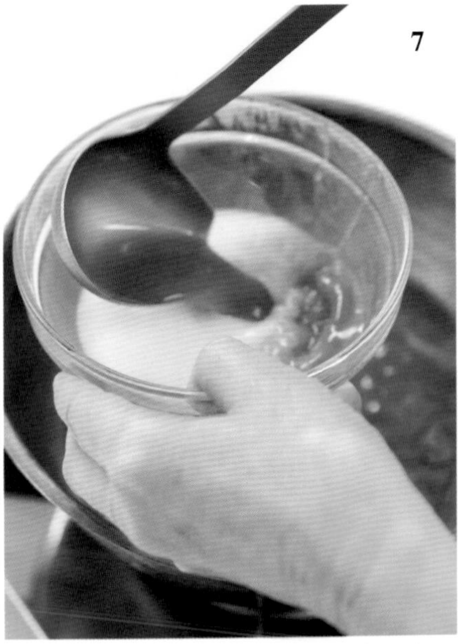

7

將葛粉放入小的調理盆裡，以水溶解。加入200mℓ左右的步驟⑥紅豆湯，充分攪拌。

▶突然加入葛粉，會有部分先凝固的問題，因此先混合一杯左右的份量備用。

8

一邊將步驟⑦加入⑥的鍋裡，一邊以木鏟攪拌。為了避免燒焦，以木鏟從鍋底慢慢地攪拌。沸騰後加入鹽，混合溶化後，熄火。

將步驟⑧的鍋底放在裝水的調理盆裡，慢慢地攪拌降溫。

▶若沒有降溫，豆沙會沉澱，使寒天和豆沙分離，請確實降溫冷卻至約50℃（大約為手可以觸摸鍋底的熱度）。

降溫至攪拌起來稍稍吃力的濃稠狀態，再慢慢地倒入羊羹模具中，靜置凝固。待完全凝固後，放入冰箱冷藏降溫。從模具取下羊羹，切成喜歡的大小。

▶為了讓羊羹模具方便移動，請放在調理盤上操作為佳。

毛豆水羊羹

材料
（15×13.5×4.5㎝羊羹模具1模份）

- 寒天條……1/2條（約4g）
- 水……500㎖
- 細砂糖……200g
- 毛豆沙餡（P.29）……300g
- 葛粉……5g
- 水……80㎖
- 鹽……少許

準備

・以水搓洗寒天條，泡在大量的水裡3個小時以上（為了避免浮起，請以保鮮膜壓住）。

・將羊羹模具以水沾濕，再擦乾水分。

作法

1 擰乾寒天條的水分，撕成小片放入鍋裡，加入水。開中火加熱，以木鏟慢慢地攪拌至完全溶化。

2 寒天溶化後，加入細砂糖混合溶化，離火過濾。

3 放入鍋裡，再開中火煮至沸騰後，加入毛豆沙餡，以木鏟攪拌融化。

4 將葛粉放入小的調理盆裡，以水溶解。加入200㎖左右的步驟**3**充分混合。

5 一邊將步驟**4**加入步驟**3**的鍋裡，一邊以木匙攪拌。為了避免燒焦，從鍋底以木鏟慢慢地攪拌，加入鹽，以中火煮至沸騰。

6 將步驟**5**的鍋底放在裝水的調理盆裡，以木鏟慢慢地攪拌降溫。

7 降溫至攪拌起來稍稍吃力的濃稠狀態，再慢慢地倒入羊羹模具裡靜置凝固。完全凝固後，放入冰箱冷藏冷卻。從模具取下水羊羹，切成喜歡的大小。

豆大福

以家用微波爐就能作出
日本人最愛的超人氣美味豆大福。
豆沙和紅豌豆共同譜出的和諧甘甜滋味，
令人無法抗拒……

豆大福

● 材料（10個份）

糯米粉……80g
白玉粉……30g
水……180mℓ
上白糖……1小匙
紅豆粒餡（P.14）……250g
鹽蒸紅豌豆
（作法請參考下記或市售品）
……60g
片栗粉（手粉用）……適量

● 準備

- 將紅豆粒餡分成10等分並揉圓。
- 將上白糖過篩備用。
- 將片栗粉鋪滿調理盤。

【紅豌豆】
豌豆的一種。以鹽水煮過的紅豌豆，可用來製作豆大福或蜜豆，磨成粉也能用來作成落雁和菓子。

● 鹽蒸紅豌豆／蒸好約100g（材料&作法）

將1/4小匙的小蘇打和300mℓ的水放入調理盆，攪拌溶解，加入50g洗好的紅豌豆，浸泡一晚。將紅豌豆和水放入鍋裡，開大火加熱，煮滾之後，轉中火煮5至6分鐘。放在篩子上水洗，充分洗掉小蘇打。將400mℓ的熱水和12g的鹽放入調理盆，攪拌溶解，加入洗好的豆子，浸漬10至15分鐘，再度放在篩子上過濾。將瀝乾水分的豆子放入鋪上布巾的蒸籠，以大火蒸50分鐘後取出，放在調理盤上，等待冷卻。

將糯米粉和120mℓ 的水放入耐熱調理盆，以橡皮刮刀充分攪拌均勻為止。

將白玉粉和30mℓ 的水放入另一個調理盆裡，攪拌均勻，再加入30mℓ 的水，充分攪拌，加入上白糖攪拌。加入步驟①裡，以橡皮刮刀充分攪拌混合。

蓋上保鮮膜，以微波爐加熱1分鐘，再以木鏟充分攪拌。

▶以木鏟上下來回地充分攪拌。

再次蓋上保鮮膜，以微波爐加熱2分鐘，以相同方式充分攪拌，再以相同方式加熱1分鐘之後攪拌。

▶慢慢地變軟，產生麻糬的香氣。

5

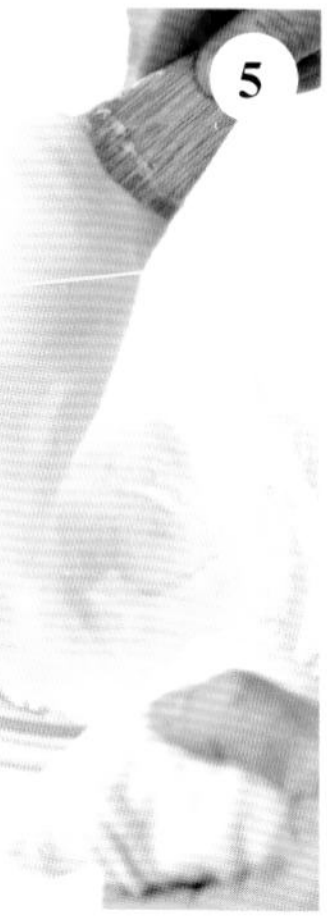

取下保鮮膜，再加熱1分鐘之後攪拌，作出具有筋性的麻糬。

▶麻糬太軟，豆子會露出來，須充分加熱至產生筋性。

6

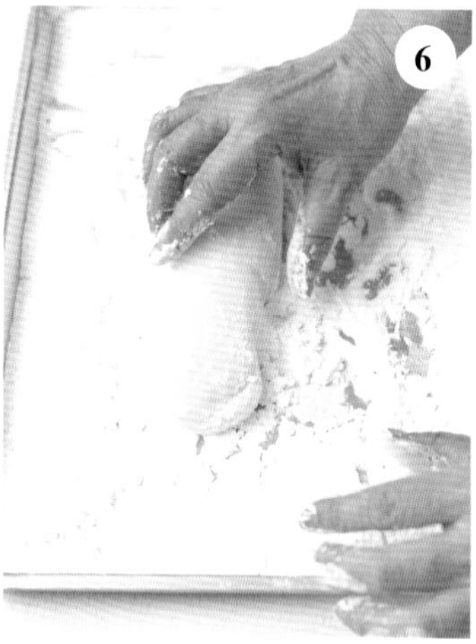

放在鋪滿片栗粉的調理盤上，從對側往靠近操作者這一側對摺，整成條狀。

7

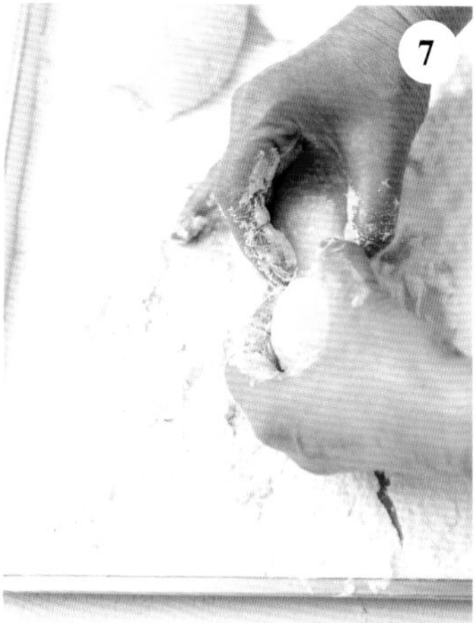

降溫之後，以手撕成10等分。

▶為了避免乾燥，可以保鮮膜蓋住麻糬。

8

將麵團擀成直徑7cm左右，放上6至7顆紅豌豆，再將揉圓的豆沙放在正中間。

9

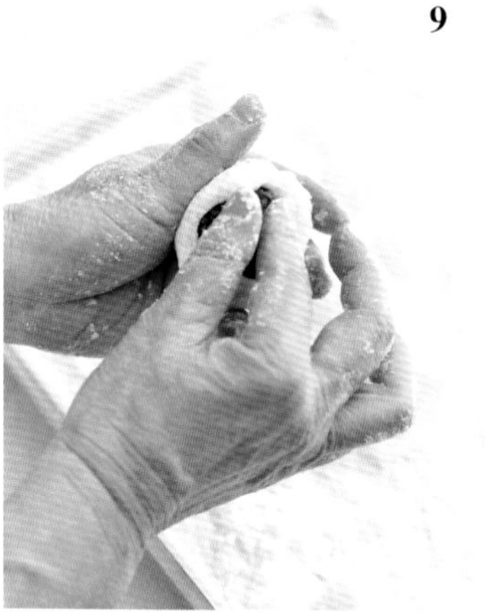

以右手將麵團從下往上按壓包住，再以指尖將麵團抓緊。

10

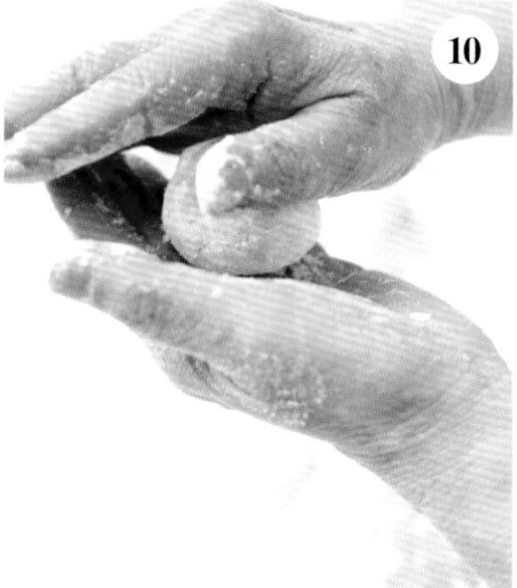

將收口朝下，以手沾粉揉圓，整出形狀。

餡衣餅

在關西或北陸等地區的夏天土用日，有著食用餡衣餅的傳統，是一款配合節氣的點心。和豆大福相同的方法製作出餅皮後，再以豆沙包裹，外型高雅大方，堪稱和菓子中的上品。

※土用日：立秋之前18或19天，大約在農曆6月大暑時期。

材料（10個份）

紅豆沙餡（P.24）……300g（每個30g）
糯米粉……40g
白玉粉……15g
上白糖……1/2小匙
水……90㎖
片栗粉（手粉用）……適量

準備

・將紅豆沙餡分成10等分並揉圓。
・將上白糖過篩備用。
・將調理盤鋪滿片栗粉。

作法

1 將糯米粉和60㎖的水放入耐熱調理盆，以橡皮刮刀充分攪拌均勻。

2 將白玉粉放入另一個調理盆，加入15㎖的水充分溶解。攪拌均勻之後，再加入15㎖的水充分攪拌，同時加入上白糖攪拌。

3 將步驟**2**加入步驟**1**，充分攪拌混合。

4 蓋上保鮮膜，以微波爐加熱45秒，再以橡皮刮刀充分攪拌。再次蓋上保鮮膜，以微波爐加熱1分30秒，以相同方式充分攪拌。再加熱45秒至1分鐘後，攪拌成具有筋性的麻糬。

5 將步驟**4**放在鋪滿片栗粉的調理盤上，表面裹滿片栗粉，再以麵團切刀等分成10等分（切成1㎝×2㎝的長方形）。以毛刷刷掉多餘的片栗粉。

6 將紅豆沙餡放在手掌上揉圓 平（擀成稍大片，較方便包裹），在正中間放上步驟5（a）。以手掌握住似地包住麻糬，將豆沙往中心集中，再以指尖抓緊（b）。以手掌滾動，撫平收口處的痕跡，整成橢圓形（c）。

7 將食指和中指稍微張開，在豆沙上輕壓，作出淺淺的溝槽（d）。或依喜好，揉成圓形也OK。

a

b

c

d

丸子

一口大小，方便食用的丸子。
製作竹籤串起的豆沙丸子及
具有草香微澀的艾草丸子
從上方淋上大量的豆沙，
是剛剛好的幸福美味。

柏餅

日本端午節經常享用的柏餅。
作法與丸子相同，再以容易取得的乾燥柏葉
或冷凍柏葉製作，即可簡單完成，
請一定要親手試作看看。

豆沙丸子

◉**材料（1串3顆，共8串的份量）**

上新粉……200g
糯米粉……30g
上白糖……20g
溫水（50℃）……320mℓ
紅豆或大納言紅豆粒餡（P.14）……200g（稍軟）
沙拉油……適量
竹籤……8枝

◉**準備**

・將竹籤泡水備用。
・將上白糖過篩備用。
・將30cm見方的烘焙紙塗上一層薄薄的沙拉油。

將上新粉、糯米粉、上白糖倒入耐熱調理盆裡，再加入溫水，以打蛋器或木鏟充分攪拌均勻。

蓋上保鮮膜，以微波爐加熱2分鐘，再以木鏟充分攪拌。

▶加熱後會慢慢凝固，須留意水分不足的問題，並以木鏟從底部舀起的方式切拌。

再次蓋上保鮮膜，以微波爐加熱2分鐘，以相同方式充分攪拌。

以相同方式加熱2分鐘後充分攪拌，作成具有筋性的麻糬。

▶如果仍然無法延展，則須每30秒到1分鐘一邊觀察狀態，一邊加熱。

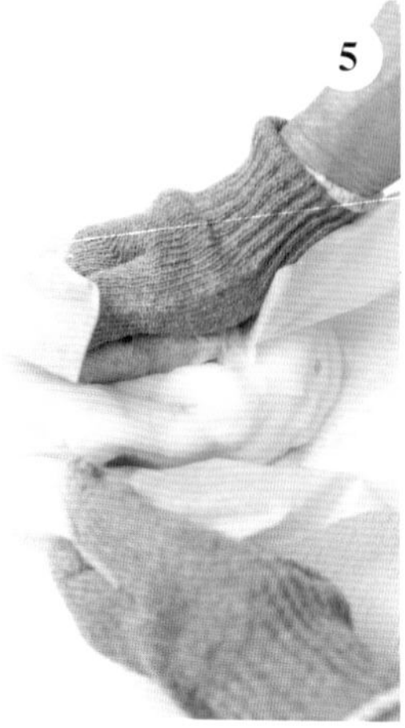

將步驟④放在烘焙紙上，從上方用力地搓揉，揉出彈力和筋性。

▶因為溫度很高，作業時須戴上手套。像搗年糕一樣，充分用力地揉捏。

連同烘焙紙滾動，作成長度20cm左右的條狀。

取下烘焙紙，分成4等分，個別擀成12cm左右的條狀。

以刮板（為了避免沾黏，請塗上薄薄的油）分切成6等分。

將泡過水的竹籤串上3塊麻糬。

▶將分切的斷面朝上，從長邊的方向串入，稍微按壓即可整成圓形。

每串以抹刀塗上大約25g的紅豆粒餡。

艾草丸子

材料（4至5人份）

上新粉……100g
糯米粉……15g
上白糖……10g
溫水（50℃）……160mℓ
乾燥艾草……少於1大匙
紅豆或大納言紅豆粒餡（P.14）……約200g（稍軟）
沙拉油……適量

準備

・將上白糖過篩備用。
・將30cm見方的烘焙紙塗上一層薄薄的沙拉油。

作法

1 將上新粉、糯米粉、上白糖放入耐熱調理盆，再加入溫水，以打蛋器充分攪拌至沒有粉粒。加入艾草，將麵糊充分攪拌成均勻的綠色（如左圖）。

2 蓋上保鮮膜，以微波爐加熱1分30秒，以木鏟充分攪拌。這個步驟反覆操作2次，作成柔軟、具有筋性的麻糬。

3 將麵團放在烘焙紙上，從上方用力地揉捏。

4 揉成具有彈性、光滑質感的麵團之後，取下烘焙紙，分成4等分，個別擀成12cm左右的條狀。

5 以刮板（為了避免沾黏，請塗上一層薄薄的油）分切成7至8等分。

6 盛在食器上，上面放上紅豆粒餡。

【乾燥艾草】
磨成粉末狀的乾燥艾草。雖然可以直接使用，但是在使用之前以1大匙的熱水還原，更能散發出香氣。

柏餅

材料（6個份）

上新粉……100g
糯米粉……15g
上白糖……10g
溫水（50℃）……160mℓ
紅豆粒餡（P.14）
或紅豆沙餡（P.24）
……102g（1個17g）
柏葉（乾燥或冷凍）……6枚
沙拉油……適量

準備

・將上白糖過篩備用。
・將紅豆餡分成6等分並揉圓。
・將乾燥的柏葉以大量的熱水煮10分鐘，泡入冷水一段時間之後，以紙巾擦乾水分（如果使用的是冷凍柏葉，稍水洗過後，將水分擦乾即可）。
・將30cm見方的烘焙紙塗上一層薄薄的沙拉油。

作法

1 將上新粉、糯米粉、上白糖放入耐熱調理盆，再加入溫水，以打蛋器充分攪拌至粉粒消失。

2 蓋上保鮮膜，以微波爐加熱1分30秒，再以木鏟充分攪拌。蓋上保鮮膜，以微波爐加熱1分鐘，以相同方式充分攪拌。

3 將麵團放在烘焙紙上，從上方用力地揉捏。

4 待麵團產生彈性、質感光滑後，連同烘焙紙滾動，作成12cm左右的條狀。

5 以刮板（為了避免沾黏，請塗上一層薄薄的沙拉油）分切成6等分。

6 讓切口朝上，保持間隔地排列（a），再將烘焙紙對摺，從上方按壓，作出橢圓形（b）。

7 將揉圓的紅豆餡放在麵團靠近操作者這一側，拉起另一側往前包覆蓋住（c、d）。

8 將大拇指和小指的根部依圓弧的部分按壓，將邊緣充分緊壓（e）。

9 冷卻後，以柏葉包裹（f）。

◎麻糬還在溫熱狀態，會自然地黏住柏葉。

【柏葉】
製作柏餅不可或缺的柏葉。分別有以熱水燙過使用的乾燥柏葉，或可以馬上使用的冷凍柏葉。

a

b

c

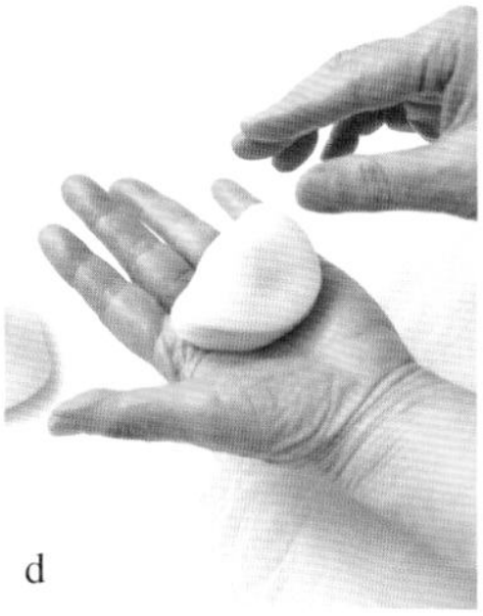
d

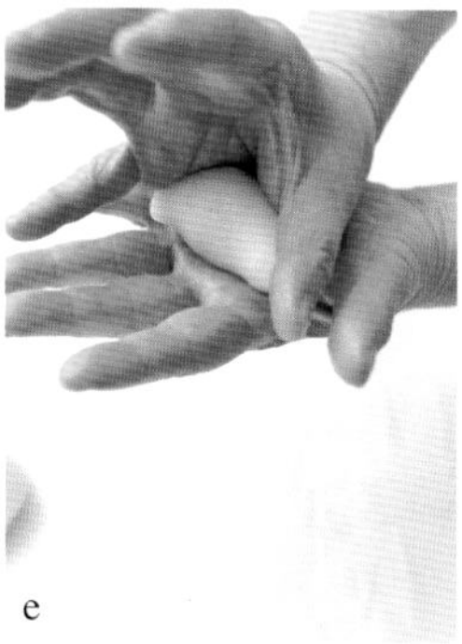
e

f

溫泉饅頭
酒粕饅頭

饅頭

蒸煮饅頭充滿手作的醍醐味！
以下將介紹運用食品級小蘇打使麵皮膨脹、
作法超簡單的溫泉饅頭；
放入酒粕，風味極佳的酒粕饅頭；
在麵皮裡加入豆沙作成的金鍔饅頭等三種日式饅頭。

金鍔饅頭

溫泉饅頭

◉材料（12個份）

黑糖……25g

上白糖……25g

水……25mℓ

水飴……5g

醬油……1小匙

食用級小蘇打……少於1/2小匙（2g）

水……1/2小匙

低筋麵粉……90g

紅豆沙餡（P.24）或紅豆粒餡（P.14）……300g

低筋麵粉（手粉用）……適量

◉準備

- 將黑糖切碎（或使用黑糖粉末）。
- 將上白糖和低筋麵粉個別過篩備用。
- 將紅豆餡分成12等分，並揉圓。
- 將沾濕的布巾和烘焙紙鋪在蒸籠的上層。下層放入水，開火預熱，時間點須抓在饅頭包好時，剛好是水沸騰出現大量蒸氣的時候。
- 將低筋麵粉過篩，鋪滿調理盤。

將黑糖、上白糖、水倒入耐熱調理盆充分攪拌，蓋上保鮮膜，以微波爐加熱30秒。加入水飴攪拌，溶化後，以濾茶網過篩。冷卻後，再加入醬油。

▶以微波爐加熱溶化黑糖時會有顆粒殘留，因此，融化水飴後，須再以濾茶網過篩。

加入以水溶解的小蘇打，同時加入低筋麵粉，並以橡皮刮刀切拌。蓋上保鮮膜（夏天則放進冰箱冷藏）發酵20分鐘左右。

▶以切拌的方式攪拌，避免過度攪拌。麵糊發酵的過程中會充分融合，因此，稍微殘留粉粒也無妨。

將麵團放在鋪滿低筋麵粉的調理盤上，以手揉捏至耳垂般的軟硬度。

▶以將麵團往中心摺入的方式揉圓成團。

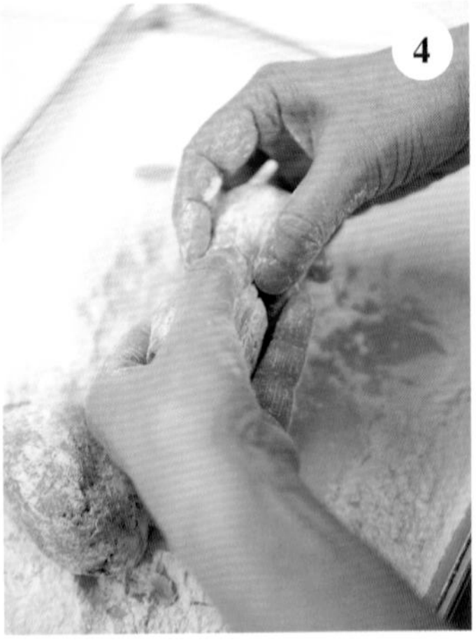

將麵團揉成條狀，以刮板作出12等分的記號，再以手握住，捏出圓球狀地分切（或使用麵團切刀分切）。

擀成直徑5cm左右，將揉圓的豆沙放在正中間。

▶如果作法還不熟練，可將麵團擀大片些（直徑7cm左右），較容易包裹。

以左手握住，將麵團收緊包住，再以手指捏緊。沾上手粉揉圓，再以毛刷刷掉餘粉。

在鋪上烘焙紙的蒸籠上層，以噴霧器噴水，保持濕潤。

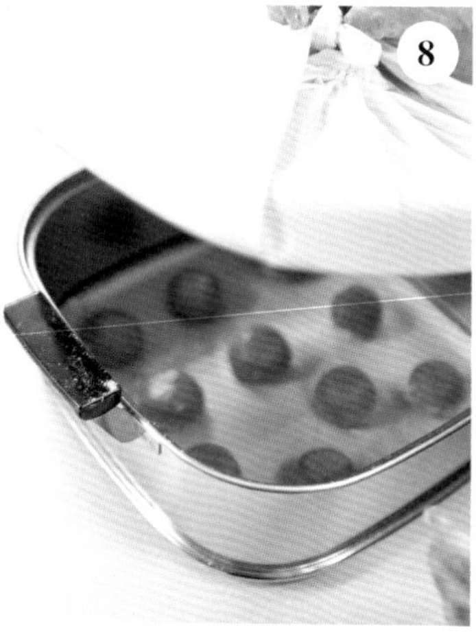

將步驟⑥排列在烘焙紙上，從上方以噴霧器噴水，再放上以布巾包起的蓋子。

▶在麵團上噴點水，可以將饅頭的表面蒸得光滑、漂亮。

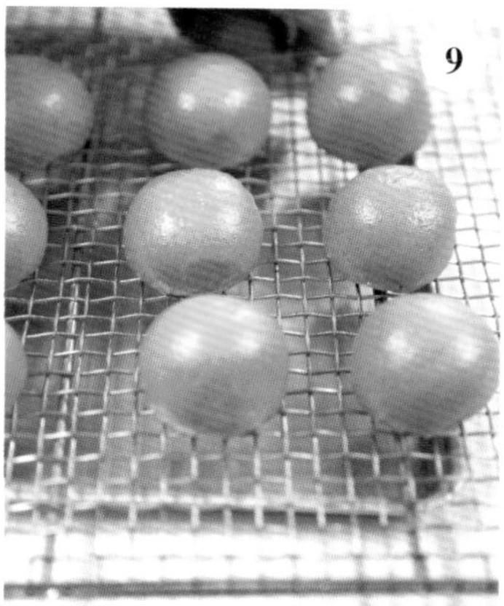

以中大火蒸12至15分鐘。手上沾水取出（注意燙傷），移至塗上薄薄一層油的金屬網上。

若有烙印器具，可在饅頭表面烙印圖案。趁著尚未完全冷卻，以保鮮膜包住，防止乾燥，就不容易變硬。

酒粕饅頭

材料（10個份）

酒粕……20g
酒（分成各30g備用）……60g
上白糖……40g
低筋麵粉……100g
泡打粉……3/4小匙（2.5g）
紅豆沙餡（P.24）
或紅豆粒餡（P.14）
……250g
低筋麵粉（手粉用）……適量

【酒粕】
在製作日本酒的工序中，以蒸過的米和米麴發酵榨出酒醪後，所留下的固體物質。營養價值很高，既健康又能養顏美容。

準備

・將酒粕浸泡在30g的酒裡備用。
・將上白糖過篩備用。
・將低筋麵粉和泡打粉混合過篩備用。
・將紅豆餡分成10等分並揉圓。
・將沾濕的布巾和烘焙紙鋪在蒸籠的上層。下層放入水，開火預熱，時間點須抓在饅頭包好時，剛好是水沸騰出現大量蒸氣的時候。
・將低筋麵粉過篩，鋪滿調理盤。

作法

1 將浸泡在酒裡的酒粕和酒放入磨鉢裡，磨成膏狀（a）。
◎沒有磨鉢，也可以放入小的調理盆裡，以橡皮刮刀充分翻拌。

2 一點一點地加入上白糖翻拌，加入剩餘的30g的酒，充分攪拌。

3 將步驟**2**倒入調理盆，加入過篩過的粉類，以橡皮刮刀切拌至粉粒消失（b），發酵20分鐘左右。

4 將麵團放在鋪滿手粉的調理盤上，裹上薄薄的一層粉後，以手揉捏成團，揉成耳垂般的軟硬度。

a

b

5 將麵團擀成條狀，以刮板作出12等分的記號，以手握住，捏成圓球狀似分切（或使用麵團切刀分切）。

6 擀成直徑5cm左右，將揉圓的紅豆餡放在正中間。以左手握住，將麵團收緊包住，再以手指抓緊。沾上手粉揉圓，再以毛刷刷掉餘粉。

7 在鋪上烘焙紙的蒸籠上層，以噴霧器噴水，保持濕潤。

8 將步驟**6**排列在烘焙紙上，從上方以噴霧器噴水，再放上以布巾包起的蓋子。

9 以中大火蒸煮10至12分鐘。手上沾水取出（注意燙傷），移至塗上薄薄一層油的金屬網上。趁著尚未完全冷卻，以保鮮膜包住，防止乾燥。

金鍔饅頭

材料（10個份）

紅豆粒餡（P.14）……100g
上白糖……30g
低筋麵粉……50g
泡打粉……1/2小匙（1.5g）
紅豆粒餡（P.14）
或紅豆沙餡（P.24）
……250g
低筋麵粉（手粉用）……適量

準備

・將250g的紅豆粒餡（紅豆沙餡）分成10等分並揉圓。
・將上白糖過篩備用。
・將沾濕的布巾和烘焙紙鋪在蒸籠的上層，下層放入水，開火預熱，時間點須抓在饅頭包好時，剛好是出現大量蒸氣的時候。
・將低筋麵粉過篩，鋪滿調理盤。

作法

1 將100g的紅豆粒餡和上白糖放入調理盆裡，以橡皮刮刀切拌。再加入1/2大匙的水（份量外）充分攪拌。
◎若紅豆粒餡較軟，請降低水的份量；較硬，則加水調整。

2 將低筋麵粉和泡打粉混合過篩至步驟**1**，以橡皮刮刀切拌至粉粒消失（a）。

3 將麵團放在鋪滿手粉（低筋麵粉）的調理盤中，輕輕揉捏成團。

4 將麵團 成條狀，以刮板作出12等分的記號，以手握住捏出圓球狀分切（或使用麵團切刀分切）。

5 將麵團擀成直徑5cm左右，再將揉圓的豆沙放在正中間。以左手握住將麵團收緊包住，再以手指捏緊。沾上手粉，輕壓饅頭的正面，四周以手按壓，調整成稍微圓弧的四角形（b）。以毛刷刷掉餘粉。

6 在鋪上烘焙紙的蒸籠上層，以噴霧器噴水，保持濕潤。

7 將步驟**5**排列在烘焙紙上，從上方以噴霧器噴水，再放上以布巾包起的蓋子。

8 以稍微大一點的中火蒸煮10至12分鐘。手上沾水取出（注意燙傷），移至塗上一層薄薄的油的金屬網上。也可以依喜好，放入平底鍋加熱，按壓表面（c），烤出微微的焦色。趁著還沒有完全冷卻，以保鮮膜包住，防止乾化。

a

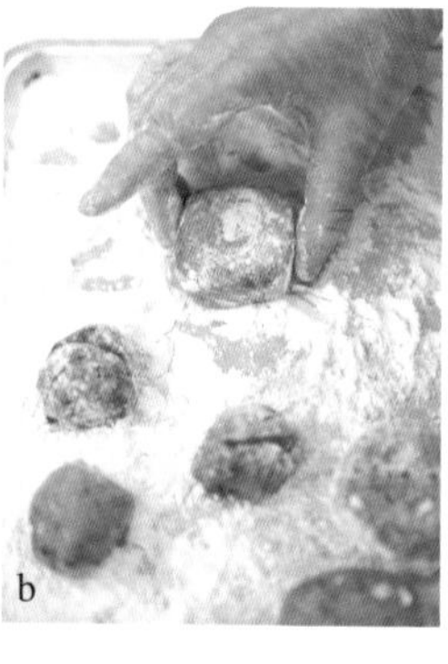
b

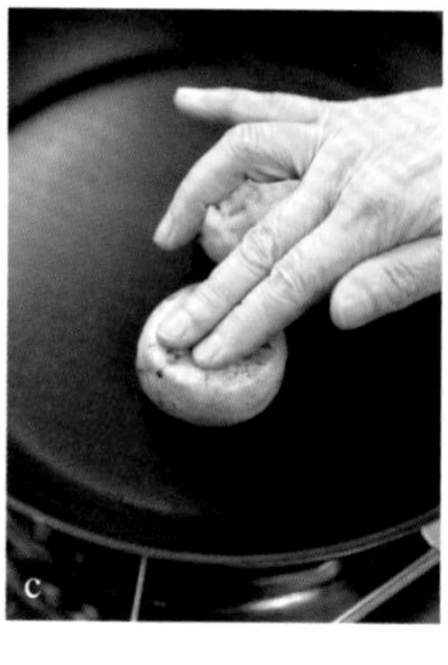
c

第
4
章

以銅鑼燒麵糊作成的豆沙菓子

一提及豆沙菓子，銅鑼燒絕對是數一數二的超人氣甜品。
作法簡單，以平底鍋即可製作，也是深受烘焙人喜愛的原因之一。
除了傳統大小之外，亦可將銅鑼燒的麵糊煎成小片狀，作成迷你銅鑼燒，或煎成橢圓形作成豆沙捲；以玉子燒鍋煎，則可以作成懷舊風菓子。
以下將介紹各式銅鑼燒麵皮，可依喜好，夾入喜歡的餡料，輕鬆變化出多款風味極佳的豆沙小點。
簡單即可完成的豆沙醬也十分美味，請務必一嚐！

銅鑼燒

一起來作大人、小孩都喜歡的銅鑼燒！
記得將麵糊攪拌至完全均勻。
除了銅鑼燒的經典款——紅豆銅鑼燒之外，
夾入白豆粒餡的白豆銅鑼燒也非常好吃呢！

材料（6個份）

蛋……2顆
上白糖……120g
蜂蜜……15g
食用級小蘇打……1/4小匙
低筋麵粉……130g
水……30至40mℓ
大納言紅豆或紅豆粒餡（P.14）
（或白豆粒餡P.20）
……180至200g（稍軟）
沙拉油……適量

準備

・將上白糖和低筋麵粉個別過篩備用。

作法

1 將蛋打入調理盆裡，以打蛋器輕輕地打散，加入上白糖，攪拌至稍微發白。加入蜂蜜攪拌，再將小蘇打以一半份量的水溶解之後加入，繼續攪拌。

2 加入低筋麵粉，以橡皮刮刀切拌均勻（a）。蓋上保鮮膜，放在室溫中發酵30分鐘。

◎若直接將殘留粉粒的麵糊倒入平底鍋，就無法作出漂亮的圓形。

3 將剩餘的水一點一點地加入步驟**2**的麵糊裡，調整至舀起麵糊時，可以快速地流下的狀態（b）。

4 平底鍋開中火加熱（或將電烤盤設定為160℃），熱鍋之後轉小火，以紙巾塗上一層薄薄的沙拉油（c）。

◎在平底鍋滴入水滴，若馬上蒸發，即表示已充分熱鍋。油太多，麵皮表面會出現不均勻的斑紋，因此，只要薄薄擦上一層即可。

a

b

5 以大湯匙舀取麵糊，倒入平底鍋形成圓形（d）。待整個表面出現氣泡後，以煎鏟翻面（e）。

◎將麵糊移放至小調理盆，為了避免灑出，可以從手邊倒入，較容易操作。

6 另一面快速地煎過，以竹籤取出（f），將先煎好的那一面朝上，放在網子上。剩餘的麵糊也以相同的方式煎烤。將餅皮抹上豆沙餡，取另一片餅皮蓋住作成夾心。

◎為了不弄髒煎鏟，取出餅皮時，以竹籤操作為佳。

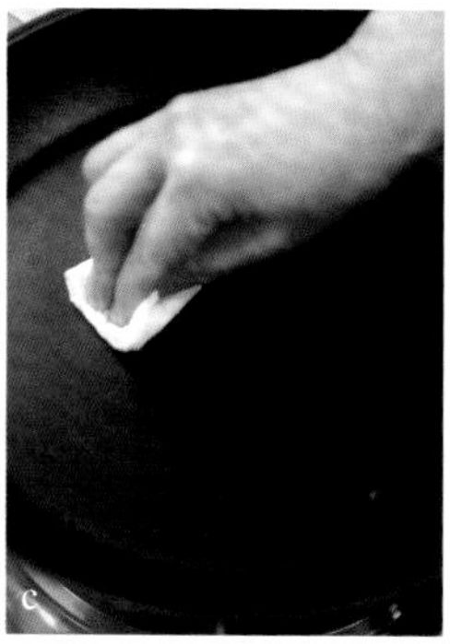
c

d

e

f

迷你銅鑼燒

將麵糊煎成小小的餅皮，夾入豆沙餡，
即可作成像馬卡龍般的迷你銅鑼燒。
在麵糊加入可可粉或黑芝麻，
即可享受不同餅皮的風味。

材料

（可可餅皮、黑芝麻餅皮各4個份）

蛋……2顆
上白糖……120g
蜂蜜……15g
小蘇打……1/4小匙
低筋麵粉……130g
黑芝麻……2大匙
可可粉……1大匙
水……30至40mℓ
紅豆粒餡（P.14）……50g
南瓜沙餡（P.28）或
　南瓜楓糖醬（P.94）……50g
沙拉油……適量

準備

・將上白糖和低筋麵粉個別過篩備用。

作法

1 將蛋打入調理盆裡，以打蛋器輕輕地打散。加入上白糖，攪拌至稍微發白。

2 加入蜂蜜攪拌，再以一半份量的水溶解小蘇打之後加入，繼續攪拌。

3 加入低筋麵粉，以橡皮刮刀切拌至粉粒消失。將麵糊分成2等分，再分別裝進兩個調理盆，一個加入黑芝麻攪拌，一個以濾茶網過篩進可可粉，充分攪拌均勻。蓋上保鮮膜，放在室溫中發酵30分鐘左右。

4 將剩餘的水一點一點地加入步驟**3**的麵糊裡，調整至舀起麵糊時，可以快速地流下的狀態（如圖）。

5 平底鍋開中火（或將電烤盤設定為160℃），熱鍋之後轉小火，以紙巾塗上一層薄薄的沙拉油

6 以小湯匙舀取麵糊，倒入平底鍋煎成圓片狀。

7 待整個表面出現氣泡後，以煎鏟翻面。

8 另一面快速地煎過，將先煎好的那一面朝上，放在網子上。剩餘的麵糊也以相同的方式煎烤。

9 將可可餅皮抹上紅豆粒餡；黑芝麻餅皮抹上南瓜沙餡，再以另一片麵皮夾上。

豆沙捲

將銅鑼燒的麵糊煎成橢圓形，
放上揉圓的豆沙捲起來。
食用方便，
適合當成淺嚐的點心或配茶的菓子。

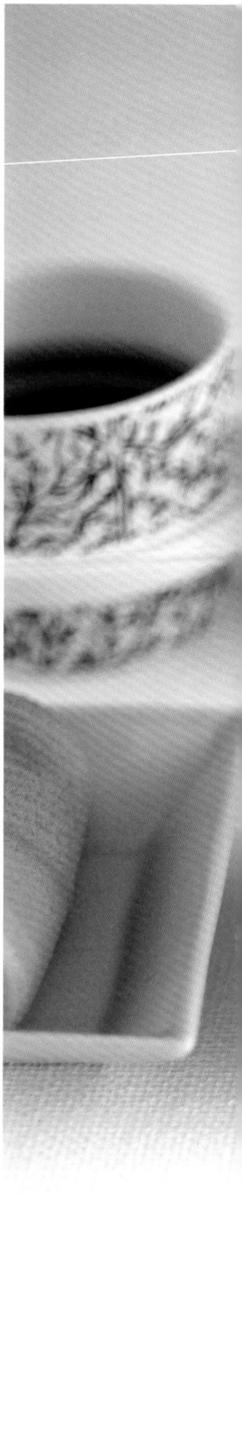

材料（10個份）

蛋……1顆
上白糖……50g
蜂蜜……6g
┌食用級小蘇打……1/8小匙
└水……1/2小匙
低筋麵粉……50g
水……30至40㎖
紅豆粒餡（P.14）或白豆粒餡（P.20）……200g
沙拉油……適量

＊以銅鑼燒麵糊製作這款菓子，須將100g的銅鑼燒麵糊加入10g的水稀釋（8個份）。

準備

・將上白糖和低筋麵粉個別過篩備用。
・將粒餡分成10等分並揉圓。

作法

1 將蛋打入調理盆裡，以打蛋器輕輕地打散。加入上白糖，攪拌至稍微發白。
2 加入蜂蜜，再以水溶解小蘇打之後加入，充分攪拌。
3 加入低筋麵粉，以橡皮刮刀切拌至粉粒消失，蓋上保鮮膜，放在室溫中發酵20分鐘。
4 將水一點一點地加入步驟**3**的麵糊裡，調整至舀起麵糊時，可以快速地流下的狀態（比銅鑼燒的麵糊更稀一些）。
5 將平底鍋開中火（或將電烤盤設定為160℃），熱鍋之後轉小火，以紙巾塗上一層薄薄的沙拉油。
6 以大湯匙舀起麵糊倒入鍋裡，以湯匙的底部將麵糊圈畫成橢圓形（a）。
7 待整個表面出現氣泡後，以煎鏟翻面。（a）。
8 另一面快速地煎過，將先煎好的那一面朝上，放在網子上。剩餘的麵糊也以相同的方式煎烤。
9 將先煎好的那一面朝下，在靠近操作者這一側放上揉圓的豆沙（b）後，捲起（c）。

a

b

c

自家製今川燒

原為淺草今川橋附近的路邊販賣甜點，
有著太鼓般的外型而得名。
是一款不使用烤模，
在家也能作出的美味菓子。
可依喜好，將白豆粒餡換成紅豆粒餡。

材料（7個份）

蛋……1顆
上白糖……60g
蜂蜜……8g
食用級小蘇打……1/6小匙
低筋麵粉……60g
水……40至60mℓ
白豆粒餡（P.20）……350g
（每個50g）
沙拉油……適量

準備

・將上白糖和低筋麵粉個別過篩備用。

作法

1 將蛋打入調理盆裡，以打蛋器輕輕地打散。加入上白糖，攪拌至稍微發白。

2 加入蜂蜜攪拌，再以1/2大匙的水溶解小蘇打之後加入，繼續攪拌。

3 加入低筋麵粉，以橡皮刮刀切拌至粉粒消失。蓋上保鮮膜，放在室溫中發酵30分鐘左右。

4 將步驟**3**的麵糊另外取出35g移至另一個調理盆。將40至60mℓ的水一點一點地加入剩餘的麵糊，調整至舀起麵糊時，可以快速地流下的狀態。

5 將平底鍋開中火熱鍋，轉小火，以紙巾塗上一層薄薄的沙拉油。倒入約1大匙的麵糊，盡可能將麵糊鋪成長度17至18cm、寬5至6cm的長方形（a）。

6 待整個表面出現氣泡後，熄火（運用餘溫作業）。以竹籤按壓出褶痕後，對摺（b）。將兩面稍微煎過之後，接合頭尾兩端，作成圈狀（c）。以相同的方式作出7個圈狀餅皮。

◎為預防高溫燙傷，請戴上料理用的橡膠手套作業。

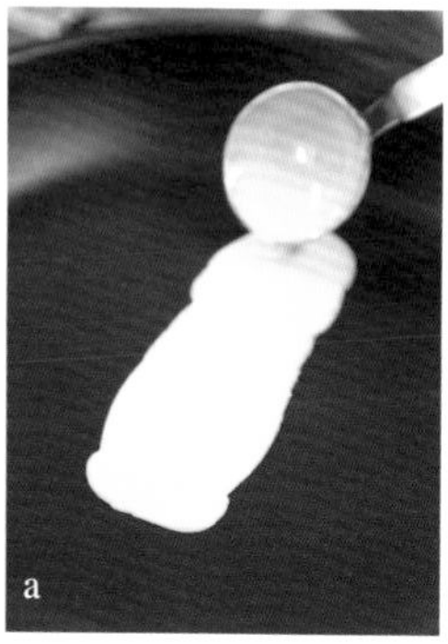
a

b

7 將平底鍋開小火，塗上一層薄薄的沙拉油，將步驟**6**對摺處朝下，排列在鍋子裡，再將麵糊倒滿底部（d）。

8 出現氣泡後，以湯匙將白豆粒餡放入，並按壓至邊緣（e），再倒入一層步驟**4**另外取出的麵糊，薄薄地覆蓋在餡料上面（f）。

◎為避免燒焦，火候皆須控制在小火的程度。

9 底部煎至焦黃色後，以煎鏟翻面，另一面也同樣煎至焦黃色。

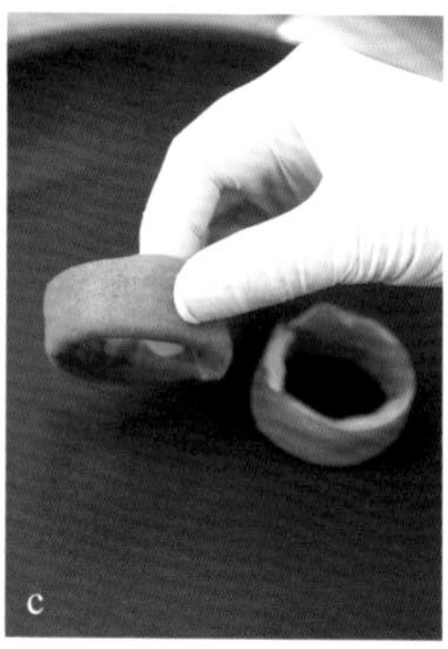
c

d

e

f

西伯利亞

使用玉子燒鍋製作餅皮，
即可作出像三明治般的點心——西伯利亞蛋糕。
除了推薦的紅豆沙醬（P.94）之外，
也可以試試其他喜歡的豆沙喔！

◉材料（3片份）

蛋……1顆
上白糖……50g
蜂蜜……6g
食用級小蘇打……1/8小匙
水……1/2小匙
低筋麵粉……50g
水……30至40mℓ
白豆粒餡（P.20）、紅豆沙醬（P.94）等喜歡的豆沙餡料……200g
沙拉油……適量

◉準備

・將上白糖和低筋麵粉個別過篩備用。

◉作法

1 將蛋打入調理盆裡，以打蛋器輕輕地打散。加入上白糖，攪拌至稍微發白。

2 加入蜂蜜，再以水溶解小蘇打後加入，充分攪拌。

3 加入低筋麵粉，以橡皮刮刀切拌至粉粒消失。蓋上保鮮膜，放在室溫中發酵20分鐘左右。

4 將水一點一點地加入步驟**3**的麵糊裡，調整至舀起麵糊時，可以快速地流下的狀態（a）。分成3等分（約70至75g），個別盛入紙杯等備用。

◎因為餅皮比較大片，麵糊的軟硬度須比銅鑼燒的稍微鬆軟些。

5 將不沾鍋材質的玉子燒鍋開火加熱，熱鍋之後轉小火，以紙巾塗上一層薄薄的沙拉油。

6 倒入麵糊鋪滿，以極小火煎烤。待整個表面出現氣泡後，以煎鏟翻面（b）。另一面也煎熟（c）後，放到網子上。剩餘的2片也以相同方式煎烤。

◎在煎烤的過程中，可以輕輕覆蓋上鋁箔紙為佳。不容易翻面，也可以使用煎鏟和手（戴上料理用手套）將餅皮翻面。

7 切掉餅皮的邊緣，表面抹上豆沙餡，重疊上另一片餅皮。以相同的方式，抹上豆沙餡，重疊上另一片餅皮。依個人喜好切成三角形或四角形即完成。

a

b

c

鬆餅風

蓬鬆柔軟銅鑼燒

在銅鑼燒麵糊裡加入蛋白霜，作成口感鬆軟的鬆餅風銅鑼燒。加上自己喜歡的豆沙、奶油霜或時令水果等配料一起享用吧！

材料（6片份）

蛋……1顆
上白糖……30g
蜂蜜……20g
食用級小蘇打……1/8小匙
牛乳……25g
低筋麵粉（或蕎麥粉）……60g
大納言紅豆或紅豆粒餡（P.14）……適量（稍軟）
鮮奶油、蜜煮金柑（市售品）……各適量
沙拉油……適量
＊以依個人喜好搭配豆沙或配料。

準備

・將上白糖和低筋麵粉個別過篩備用。
將上白糖分成10g和20g。
・將蛋分成蛋黃和蛋白。

作法

1 將蛋黃和20g上白糖倒入調理盆裡，以打蛋器翻拌。

2 加入蜂蜜翻拌，再以一半份量的牛奶溶解小蘇打後加入，繼續攪拌。加入剩餘的牛奶攪拌，加入低筋麵粉，以橡皮刮刀切拌至粉粒消失。

3 製作蛋白霜。將蛋白放入另一個調理盆裡，以電動攪拌器打發，中途加入10g的上白糖，打發至拿起攪拌頭，蛋白形成尖角，且呈現挺直的狀態（a）。

4 將一半份量的步驟**3**加入步驟**2**，以打蛋器充分攪拌至白色部分消失（b），再加入剩餘的步驟**3**，以橡皮刮刀切拌（c）。

5 將平底鍋開中火加熱（或將電烤盤設定為160℃），熱鍋後轉小火，以紙巾塗上薄薄一層的沙拉油。

6 以大湯匙舀取麵糊，倒入鍋裡（自然地鋪成圓形）。

7 待整個表面出現氣泡後，以煎鏟翻面。另一面快速地煎過，將先煎好的那一面朝上，放在網子上。剩餘的麵糊也以相同的方式煎烤。

8 盛在食器上，放上紅豆粒餡、打發至鬆軟的奶油霜、切成薄片的蜜煮金柑。

a

b

c

豆沙醬

將豆沙變成西式風味的果醬。可以夾在銅鑼燒餅皮裡作成甜點、抹在吐司上、加入冰淇淋……開心地享受各式各樣的吃法吧！

紅豆黑糖蜜醬

◉材料（成品約250至260g）

紅豆粒餡（P.14）……200g
黑糖蜜……2大匙（40g）
黑芝麻粉……1又1/2大匙（13g）
水……3大匙（依豆沙的軟硬度調整）

◉作法

將水倒入鍋裡，開火，加入紅豆粒餡，以木鏟攪拌熬煮。充分受熱後，加入黑糖蜜，繼續攪拌熬煮，煮至個人喜好的軟硬度後，再加入黑芝麻充分攪拌。

南瓜楓糖醬

◉材料（成品約250至260g）

南瓜沙餡（P.28）……200g
楓糖漿……1又1/2大匙（33g）
糖漬橘皮……30g
水……3大匙（依豆沙的軟硬度調整）

◉作法

將水倒入鍋裡，開火加熱。加入南瓜沙餡，以木鏟攪拌熬煮。均勻受熱後，加入楓糖漿，繼續攪拌熬煮，煮至喜歡的軟硬度，再加入糖漬橘皮，充分攪拌。

白豆粒餡&蘋果醬

◉材料（成品約250至260g）

白豆粒餡（P.20）……150g
蘋果果醬（市售品）……75g
蜂蜜……1大匙（20g）
肉桂粉……約1/4小匙
水……3大匙（依豆沙的軟硬度調整）

◉作法

將水倒入鍋裡，開火加熱，加入白豆粒餡，以木鏟攪拌熬煮。均勻受熱後，加入蘋果果醬、蜂蜜，繼續攪拌熬煮，煮至喜歡的軟硬度後，加入肉桂粉，充分攪拌。

國家圖書館出版品預行編目(CIP)資料

甜而不膩的幸福味：紅豆甜點慢食光 / 金塚晴子著；簡子傑譯.
－初版.－新北市：良品文化館, 2018.03
面；　公分.－(烘焙良品；73)
譯自：あんこのお菓子： 日食べたい和のおやつ
ISBN 978-986-95927-1-0(平裝)

1.點心食譜

427.16　　107000223

烘焙良品 73

甜而不膩的幸福味 紅豆甜點慢食光

作　　者／金塚晴子
譯　　者／簡子傑
發 行 人／詹慶和
總 編 輯／蔡麗玲
執行編輯／李佳穎
編　　輯／蔡毓玲・劉蕙寧・黃璟安・陳姿伶・李宛真
特約編輯／莊雅雯
封面設計／陳麗娜
美術編輯／周盈汝・韓欣恬
內頁排版／陳麗娜
出 版 者／良品文化館
郵政劃撥帳號／18225950
戶　　名／雅書堂文化事業有限公司
地　　址／220新北市板橋區板新路206號3樓
電子信箱／elegant.books@msa.hinet.net
電　　話／(02)8952-4078
傳　　真／(02)8952-4084

2018年3月初版一刷　定價 350元

經銷／易可數位行銷股份有限公司
地址／新北市新店區寶橋路235巷6弄3號5樓
電話／(02)8911-0825
傳真／(02)8911-0801

staff

攝影／邑口京一郎
設計／川添藍
造型／城素穂
編輯／矢澤純子
校對／滄流社

料理助理／広瀬由紀子・丸山智子

輕鬆自製8種豆餡+
48道日本超人氣甜食

甜而不膩的幸福味

輕鬆自製8種豆餡+

48道日本超人氣甜食

甜而不膩的幸福味